U0353283

山西省高等学校科技创新项目(2020L0724)资助

山西工程技术学院校级科研项目(2021QD-01)资助

2020年来晋工作优秀博士奖励资金(科研经费)项目(2021PT-01)资助

山东省深部冲击地压灾害评估工程实验室开发项目(SDMTKF-2021-009)资助

大平矿坝下首采面开采坝体变形破坏规律及维修技术研究

张 峰 著

中国矿业大学出版社

·徐州·

内 容 提 要

本书采用理论分析、数值模拟、实验室试验和现场实测等方法,以库坝下煤层开采保障坝体的安全运营为主线,系统研究了库坝下煤层开采坝体移动变形规律及特征,揭示了库坝土体随煤层开采过程中的变形破坏机理,提出了以坝体加高加固为主的坝体维修方案、铺设土工膜的防渗方案、保证水位稳定的库水位监控方案和坝体移动变形观测的施工质量监控方案。全书共分 6 章,包括绪论、覆岩变形破坏及库坝土体物理力学参数测试分析、库水下开采安全性分析、坝体移动变形规律及特征的预测分析、坝体变形破坏规律及特征的模拟分析、坝体维修方案设计与实施效果分析。

本书适合采矿工程、安全工程等专业的科研人员和工程技术人员参考,亦可供高等院校师生阅读。

图书在版编目(C I P)数据

大平矿坝下首采面开采坝体变形破坏规律及维修技术
研究 / 张峰著. —徐州 : 中国矿业大学出版社,2021.6
　　ISBN 978 - 7 - 5646 - 4992 - 0

　　Ⅰ. ①大… Ⅱ. ①张… Ⅲ. ①大坝－建筑物
下采煤 Ⅳ. ①TD823.83

　　中国版本图书馆 CIP 数据核字(2021)第 070059 号

书　　名	大平矿坝下首采面开采坝体变形破坏规律及维修技术研究
著　者	张　峰
责任编辑	褚建萍
出版发行	中国矿业大学出版社有限责任公司
	(江苏省徐州市解放南路　邮编221008)
营销热线	(0516)83884103　83885105
出版服务	(0516)83995789　83884920
网　　址	http://www.cumtp.com　E-mail:cumtpvip@cumtp.com
印　　刷	江苏凤凰数码印务有限公司
开　　本	787 mm×1092 mm　1/16　**印张** 9　**字数** 225 千字
版次印次	2021 年 6 月第 1 版　2021 年 6 月第 1 次印刷
定　　价	40.50 元

(图书出现印装质量问题,本社负责调换)

前　言

　　库坝下煤层开采过程中库坝的安全运营问题一直制约着我国库坝下煤炭资源的安全开采。库坝下煤层开采不仅涉及坝下开采水库安全的问题,还涉及水体下安全开采的问题。为了安全高效地进行坝下开采和保证坝体功能的正常发挥,在煤层开采前必须对煤层开采过程中上覆岩层、地表和坝体的变形破坏规律及特征进行研究,并在此基础上设计出由一系列措施组成的安全有效的坝体维修技术方案,才能成功解放库坝下的煤炭资源。

　　本书以辽宁铁法能源有限责任公司大平矿库坝下煤层开采为工程背景,采用理论分析、数值模拟、实验室试验和现场实测等方法,以库坝下煤层开采保障坝体的安全运营为主线,系统研究了库坝下煤层开采坝体移动变形规律及特征,揭示了库坝土体随煤层开采过程中的变形破坏机理,提出了以坝体加高加固为主的坝体维修方案、铺设土工膜的防渗方案、保证水位稳定的库水位监控方案和坝体移动变形观测的施工质量监控方案。形成的创新性成果和主要结论:① 提出了覆岩剩余自由空间高度等于地表最大下沉值的观点;② 建立了用浅部开挖替代煤层开采的简化(局部放大)模拟方法;③ 揭示了库坝土体随综放工作面开采经历从拉伸变形破坏到压缩-还原的交替变形破坏规律。

　　在撰写本书过程中,作者参阅了国内外众多学者、专家的文献,借此出版之际向所有参考文献作者表示诚挚的谢意。感谢题正义教授、王猛副教授、李佳臻博士、胡江涛硕士、刘飞宇硕士、马志辉硕士、高函硕士、邰才王硕士、张巧锋硕士等参与本书的资料收集、图表绘制等工作,感谢辽宁铁法能源有限责任公司大平矿的高春生、焉德斌、盛时超、崔浩、张明以及煤炭科学研究总院沈阳研究院的于政喜、关大臣、周永富等在现场试验过程中提供的帮助。特别感谢山西省高等学校科技创新项目(2020L0724)、山西工程技术学院校级科研项目(2021QD-01)、2020 年来晋工作优秀博士奖励资金(科研经费)项目(2021PT-01)、山东省深部冲击地压灾害评估工程实验室开发项目(SDMTKF-2021-009)的经费支持。

　　由于作者研究水平所限,书中可能存在不妥之处,敬请广大读者批评指正!

著　者

2020 年 12 月 3 日

目　　录

1　绪　　论

1.1　研究背景及意义

作为我国一次能源消费的主体,煤炭在国民经济结构中占据重要的战略地位,保证了经济的持续快速发展。预计到 2025 年,我国煤炭年需求量仍将超过 38.5 亿 t[1],直到 21 世纪中叶,煤炭仍将占据我国一次能源消费结构的 50% 以上[2]。据不完全统计[3],我国煤矿在建筑物下、水体下、铁路下(简称"三下")的压煤总量为 140 亿 t 以上,其中水体下压煤 39.2 亿 t,约占整个"三下"压煤总量的 28%。而水库下压煤占整个水体下压煤总量的 40%。到目前为止,水体下压煤的采出量仅为 2 亿 t 左右,而水库坝体下采出量仅有 0.38 亿 t[4,5]。

煤炭作为不可再生的矿产资源,属于重要的能源和化工材料,减少煤炭损失、充分利用煤炭资源是国民经济快速和可持续发展的重要保证之一。因此,最大限度地对水体下和坝体下煤炭资源进行合理开发利用,是煤炭行业工程技术人员和科研人员的重要研究工作之一。

一般水库坝下开采要涉及库水下开采的井下安全和水库运营的坝体安全两方面的问题。坝体下煤层开采后,一定范围内的覆岩受采动影响将遭到破坏,一旦导水裂缝带波及库水底部,轻则加大矿井涌水量,重则导致突水淹井事故;煤层采动引起地表移动变形将致使地表坝体的变形破坏,轻则影响水库正常功能的发挥,重则造成溃坝事故。因此,水库坝下煤层进行开采时必须予以高度重视,否则,将对井上下的人员生命和财产安全构成巨大的威胁[5]。

水库坝下开采的研究旨在寻求一套既能保证水下开采安全、又能保证水库坝体正常运营且能最大限度地采出保护煤柱压煤的技术方案。

大平煤矿井田走向长度 8.69 km,倾斜长度 3.29 km,面积为 28.57 km²。井田内可采煤层厚度为 0.70~16.67 m,可采储量为 26 841.1 万 t,核定生产能力 400 万 t/a。

矿井采用立井单水平开拓,共计划分七个采区(图 1.1),其中北一采区为首采区,南二采区是矿井第二个投产采区,全部实行综合机械化放顶煤开采工艺。

三台子水库位于井田的中部,库水覆盖面积约 13.6 km²,占井田总面积的 47.6%。水库大坝贯穿南二和南三采区,长度为 4 120 m。坝体保护煤柱压煤总量约为 2 274 万 t。如果坝下开采成功,将释放出大量不可再生的煤炭资源。

由于大部分煤层位于库水之下,水体下开采势在必行。经过全体工程技术人员和科研人员的共同努力,制定了水体下安全开采的技术方案,并成功地开采出 N1S1、S2S2、S2N1、N1S2、N1S3 等多个水下工作面的煤炭资源,积累了大量、丰富的水体下开采的经验。

随着煤层开采的推进和开采范围的不断扩大,坝下开采这一课题又提到日程上来。首当其冲的是正在开采的南二采区,该区 5 个工作面将面临穿越水库大坝的问题,S2S9 为首采工作面。首采工作面不仅涉及坝下开采水库安全的问题,还涉及水体下安全开采的问题。

图 1.1 采区布置和库水分布图

由于首采工作面所处的采矿地质条件与已采工作面相比具有较大的变化,特别是库水深度较之上游明显增大,因此,必须对库水下开采的安全性重新进行论证。

为了安全高效地进行坝下开采和保证坝体功能的正常发挥,在首采工作面开采前,必须对首采面开采覆岩、地表和坝体的变形破坏规律及特征进行研究,并在此基础上设计出由一系列措施组成的安全有效的坝体维修技术方案。

本书的研究成果将对南二、南三采区坝下其他工作面的开采具有理论指导意义和实际应用价值,对条件类似的其他井田内坝下开采具有理论借鉴意义和推广应用价值。

1.2 国内外研究现状

1.2.1 水库下煤层开采安全性研究现状

水体下煤层开采包括地表水体(水库)和地下水体(开采煤层以上的含水层)下煤层的安全开采。煤层采动后,上覆岩层变形破坏,由下至上形成导水裂缝带及弯曲下沉带。其中,导水裂缝带中的充水通道沟通地表水体或上覆含水层,导致水体溃入井下,造成透水事故的发生。

(1)国外研究现状

国外很早就对导水裂缝带发育高度(以下简称"导高")进行了研究,有些国家制定了一些相关的规程和规定。

1968 年,英国煤管局颁布《海下采煤条例》[6-8],对上覆岩层厚度、开采厚度及岩性有明确规定:在水下开采时,如采用长壁式开采,上覆岩层厚度不得小于 105 m,开采厚度不得大于 1.7 m,夹有页岩的含煤地层不得小于 61 m。

1973 年,苏联针对水体下开采,颁布导高确定方法指南及相关的规程[9,10],依据统计经验参数,如开采厚度、上覆岩层黏土层厚度、重复采动等确定安全开采深度。俄罗斯《海下采煤条例》规定,有隔水层时,防水煤柱高度为采高的 20～40 倍;无隔水层时,依照覆岩中不同性质岩层的比例大小,防水煤柱高度取采高的 20～60 倍。

美国把在地表大型水体下的安全采深定为采高的 60 倍[11],另外,对煤柱回收提出了不同水文地质条件下采用不同方案。

日本水体下开采主要是针对海下采煤[12],日本曾经有 11 个矿井进行过海下采煤,海下的水患防治措施严密,安全规程针对冲积层的组成与赋存厚度作出了开采规定,开采煤层到海底要留设最小高度为 100 m 的防水煤(岩)柱。

波兰对安全煤柱的高度也做了规定[13-15],在含水体下的煤层露头处应留设防水安全煤柱,其高度为 8 倍的开采煤层厚度,最小垂直厚度 20 m。

1984 年,克拉茨在《采动损害及其防护》一书中针对煤矿开采过程中地表沉陷问题,概括总结了相应的预测方法[16]。

匈牙利采矿专家学者对覆岩回采松动带高度及隔水层厚度都有较深入的研究。回采松动带高度受松动系数、回采高度、充填率等因素共同作用,并给出了计算公式[17]:

$$h = CM(1 - \eta_0) \tag{1.1}$$

式中　h——回采松动带高度,m;

　　　η_0——充填率,%;

　　　M——采高,m;

　　　C——松动系数,根据采煤方法不同取值 15～25。

由于不同岩石的隔水阻水作用不同[18-20],可选定一种标准隔水岩层(石),通过对比换算成等效系数,计算出岩层组的相对隔水层厚度(γ_1):

$$\gamma_1 = \frac{\sum m\sigma - a}{p} \tag{1.2}$$

式中　γ_1——相对隔水层厚度,m/at;

　　　m——水体与开采煤层间各种岩层的厚度,m;

　　　a——不可靠相对隔水层厚度,确定防水煤柱尺寸时,a 取 10 m;

　　　σ——每种岩石与标准岩石相比较的质量等效系数;

　　　p——地下水压力,at。

孟加拉国巴拉普库利亚煤矿针对基岩强含水层水体下安全开采问题[21],利用钻孔冲洗液漏失量观测法对该工作面覆岩破坏高度进行了现场探测,确定了工作面开采后导高,并通过矿井各工作面开采涌水量分析对探测结果进行了验证。同时应用 FLAC³ᴰ 数值模拟方法,模拟计算了首分层和二分层开采后覆岩的最大导高,并与经验公式计算结果进行对比分析,综合确定首分层开采后覆岩的最大导高为 65 m,裂采比为 21.67,并给出了中硬顶板条件下分层开采后的导高计算公式。

(2)国内研究现状

20 世纪中叶我国开始对上覆岩层裂缝带高度进行研究,通过几十年的工作取得了丰硕的成果,积累了丰富的数据和经验,对相关理论的发展起到了巨大的推动作用,主要可分为三个阶段[22]。

20世纪60年代之前,我国虽然已经开始了水体下采煤,但是对覆岩变形破坏规律的认识还比较浅显,凭借经验,通过工程类比进行简单估测,无法准确预测导高,仅能进行定性描述与分析。

20世纪60年代至80年代期间,钻孔技术的极大发展使得对覆岩破坏的探测技术日趋成熟,同时根据采高和岩石强度运用相似模拟的方法,给出了在不同情况下导高和垮落带高度与采高的关系式,并在生产实践上产生了较好的指导意义。该时期仍处于积累经验的阶段,但是已经从定性研究转为定量的研究。

20世纪80年代之后,我国着重于对上覆岩层断裂的专题性研究,并获得了显著的成果。随着统计数学、岩体损伤与断裂力学、近场动力学、弹塑性力学、流变力学等先进理论的引入,煤层开采引起覆岩破坏高度的研究得到了极大的发展。除此之外,许多测量覆岩破坏范围的监测设备也得到了很好的发展和运用,例如,浅层地震法、无线电波钻孔透视法、超声成像测井法、彩色钻孔电视探测法和微震监测法等。

目前,我国在导高方面的理论与实践取得了巨大的进步,理论体系更加完备,针对不同因素对导高的影响,提出了相应的高度求解方法。根据研究方法原理的不同共分为四大类:基于岩层移动结构定量预判性的预测方法、基于实测数据统计的预测方法、基于模糊数学非线性理论的预测方法和现场实测的方法。

① 基于岩层移动结构定量预判性的预测方法

此类方法将导高各个影响因素用确定的数值量表示,解析煤层开采后覆岩移动变形破坏内在的力学机制和时空演化规律,推导出导高的定量判定依据。

黄庆享等[23,24]在对基本顶岩块挤压点的挤压和摩擦性质进行研究之后,揭示了浅埋深煤层隔水性岩组的"上行裂隙"和"下行裂隙"发育规律,发现了"上行裂隙"和"下行裂隙"的导通性决定着隔水岩组的隔水性,给出了其发育深度的计算公式,建立了以隔水岩组厚度与采高之比为指标的隔水岩组隔水性判据,提出了保水开采分类方法。

许家林等[25,26,27]在对神东矿区浅埋煤层的关键层结构类型及破断失稳特点进行研究之后,发现煤层开采后顶板导高异常增大而沟通含水层,是引发松散承压含水层下采煤发生异常突水灾害的根本原因,提出了松散承压含水层下采煤突出危险区域的预测方法和突水灾害防治对策,对松散承压含水层采煤突水灾害防治措施的制定具有重要的指导作用。

鞠金峰等[28,29,30]认为导水裂缝带是引起地层含水层破坏和地下水漏失的主要根源,其动态发育与发展直接受控于覆岩关键层的破断运动,并针对具体开采条件下伏岩关键层的赋存情况以及导水裂缝带的确定方法,从顶板突水灾害防治、含水层原位保护、采动破坏含水层的再恢复和采动漏失水资源的转移储存与利用等4个方面进行了相关保水采煤技术研究。

高延法等[31,32,33]根据导水裂缝带发育规律与岩层结构及运动特征的相关性,提出了基于覆岩组合结构与岩层拉伸变形计算导高的预测新方法;研究发现覆岩导水裂缝带是以岩层组为单位呈阶梯状向上发育的,每个岩层组由下部强度影响高的坚硬岩层与上部软弱岩层组成,并提出以岩层层向拉伸率变化拐点为判据,来判断岩层组的下沉变形及裂隙发育程度,推导了较为合理的岩层层向拉伸率计算公式。

张宏伟等[34,35,36]对综放开采覆岩垮落带、裂缝带发育高度及发育过程的研究取得了丰硕的成果,提出了综放开采、特厚煤层开采覆岩破坏范围的计算方法和探测方法,并以地球板块理论为基础,根据不同的地质构造和区域岩体应力分布等探索出上覆岩层的断裂、应力分布和矿井动力显现规律,为采后覆岩变形破坏特征的研究提供了理论指导。

武强等[37-43]根据矿井主采煤层的具体水文地质条件,通过采用优化开采方法参数、多位一体优化组合、井下洁污水分流分排、水文地质条件人工干预、充填开采等"煤-水"双资源型矿井开采的技术和方法,提出了松散含水层薄基岩区房式保水开采方案,建立了煤房"固支梁"力学模型,提出了让压理论的煤柱设计方法,修正了屈服煤柱上覆载荷计算公式,安全有效地实现绿色开采。

郭文兵等[44,45,46]通过构建岩层悬空完整力学模型、岩层悬伸破断模型和破断岩块力学模型,分析煤层上方岩层初次垮落机制、岩层悬伸破断机制和岩块结构失稳机制,提出了一种综放开采导高预测方法。

② 基于实测数据统计分析的预测方法

此类方法是利用统计学的原理,对所得导水裂缝带实测数据利用线性回归、多元非线性回归、多项式回归等方法进行拟合处理,找出其与各影响因素之间的关系,对相同地质条件的矿区导水裂缝带进行预测[47,48,49]。

许延春等[50,51,52,53]以现场实测数据为基础,运用数理统计回归分析的方法,建立了适用于中硬、软弱覆岩条件下的综采工作面的导高预测公式。

胡晓娟等[54,55]以 39 例综采导水裂缝带的实测数据,运用多元回归分析,得到综采导高与煤层采高、覆岩岩性系数、工作面斜长、采深、开采推进速度共 5 种因素之间的非线性关系式。

丁鑫品等[56,57]通过对国内多个综放工作面实测数据的统计分析,归纳出中硬、软弱覆岩条件下综放开采的导高预测公式。

尹尚先等[58,59,60,61]用 SAS 软件对国内大量实测数据进行回归分析,通过不同回归方法对比,优选出综采条件下较为精确的计算公式。

李强等[62,63,64]利用相似材料模拟、数值模拟、地面物探、三维地震、钻孔冲洗液方法对大平矿水库下工作面开采后的导高进行了分析,并对分析结果进行了回归分析,得出预测导高的计算公式。

③ 基于模糊数学非线性理论的预测方法

此类方法主要利用神经网络法、模糊聚类分析法、支持向量机等方法对大量的实测样本进行学习,通过非线性拟合得到导高的预测公式。

张宏伟等[65,66,67,68]采用改进的果蝇优化算法优化参数,建立了改进支持向量机的导高预测模型。

陈佩佩等[69]采用人工神经网络技术预测了世界上第一个海域下龙口矿区北皂煤矿综放开采工作面的导高,并分析了首采工作面综放开采的有利和不利条件,提出了相应的安全技术措施。

赵德深等[70,71,72]以大平矿区实测数据作为样本,基于熵权-层次分析预测模型,通过MATLAB 编程获得导高的预测值。

王献辉等[73]利用地面物探、三维地震、钻孔冲洗液方法对大平矿水库下工作面开采后的导水裂缝带进行实测,根据实测结果,运用模糊聚类方法,得到导高的预测计算公式。

马亚杰等[74,75]基于 BP 人工神经网络技术建立了预测模型,提出了工作面倾向长度和埋藏深度对导高影响较大的结论。

④ 现场实测的方法

此类方法主要有地面钻孔冲洗液漏失量法、地面物探、井下物探、地面钻孔电视和其他电磁探测方法,通过电阻率的大小和岩层结构的变化形态判断导高。

左建平等[76,77,78,79]针对邢东矿区深部带压开采可能出现底板突水的问题,分析了隐伏断层活化突水机制,推导出隐伏断层扩展长度计算公式,利用自主研发的 CMMA-3D 微震分析系统获得了工作面底板导水裂缝带的空间位置,得出了底板导水裂缝带渗透性随采空区垮落岩体压实度的增加而降低。

蔡美峰等[80,81]采用工程地质调查、彩色钻孔电视、钻孔洗液漏失量法、物理模拟与数值模拟、地应力测量及地表监测等多种方法,分析了灵新煤矿(河下开采)的地应力分布规律、工作面开采的垮落带高度与导高、岩层移动规律与矿压显现规律,指出造成采空区覆岩发生动力失稳的主要原因是上覆岩层松软、微裂隙发育、软弱层多和整体强度低。

董书宁等[82,83]针对动水大通道及地面无法施工直孔的技术难题,在分析突水水文地质条件的基础上,提出了采用定向分支斜钻孔同时对过水巷道截流和突水通道堵源的治理方法,结合淮南矿区陷落柱发育基本条件,推断出导水通道的形态特征。

1.2.2 坝下煤层开采坝体安全性研究现状

国内外对坝体下煤炭资源开采方面的研究主要着重于开采后坝体的沉降大小和采后坝体的加固治理工作两个方面,对于采后地表沉陷的大小通常采用充填或者降低工作面开采尺寸的方法进行控制。

(1)国外研究现状

国外近些年文献检索表明,对水库堤坝下采煤方面的研究较少,但是对建筑物下开采方面的研究都有着丰富的研究成果,对坝下开采具有一定的指导意义。

波兰建筑物下采煤研究起自 20 世纪 50 年代初[84],积累了十分丰富而系统的研究成果,在已有建筑物下采煤时,在原有建筑物基础上新建抗变形建筑物,并对其进行加固处理,可以起到保护建筑物作用。

苏联在建筑物下采煤的产量每年达 5 000 万 t 以上[85,86],取得了丰富经验,编制了 30 多个煤矿和金属矿保护建筑物免受采矿有害影响的规程及指南。

英国只对井筒和绞车房留设保安煤柱[87,88],其他区域一律不留保安煤柱进行开采。

德国是最早对城市建筑物下采煤进行研究的国家[89],从 1902 年就开始用水力充填法回采重要建筑物下的保安煤柱,例如埃森采了 9 个煤层,总厚度达 10.2 m。

法国和保加利亚分别用水力充填和风力充填对建筑物下的煤层实施了开采[90,91]。

日本采用房柱式开采方法成功地对建筑物和大型公路桥梁下的煤层进行了开采。

即便在国际大坝会议上,也只是对尾矿坝的研究成果进行了交流[92,93]。

1995 年,A. M. Dpenman 介绍了尾矿库设计的一般性原则,R. J. Chendler 介绍了意大利的 Stava 尾矿库垮塌事故,K. Mohd Azizli 介绍了 Malaysia 最大的露天铜矿 Mamutut Copper Mine 的尾矿设计与管理等方面的情况;1997 年,S. G. Vick 介绍了圭亚那的 Omai 尾矿库垮坝事故。国外对尾矿库(坝)的研究主要集中在环境污染与防治方面。

（2）国内研究现状

我国已进行了 40 多年的堤下采煤实践，积累了丰富的经验。例如，山东济宁市先后在廖沟河堤下和幸福河堤下、哈尔滨市在达连河防洪堤下、徐州垞城煤矿在大运河堤下、徐州义安煤矿在胡集水库堤坝下都成功地进行了堤下采煤，取得了很多突破性成果。

束一鸣等[94]根据淮南矿区多年"三下"采煤的理论研究和开采实践，总结出在淮河及其堤坝下采煤的防水安全煤柱留设方法、开采裂缝性质及发育深度的数学计算公式。在此基础上，束一鸣又综合采用静动力有限元分析、离心模型试验、振动台试验、电模拟试验、现场调查及现场试验等方法，对受采动影响的淮堤进行安全分析论证，得出淮堤基本安全的结论，并介绍了复合土工膜防渗、振冲加固堤基等技术措施。

马金荣等[95,96]提出运用土体的长期强度指标计算堤体受煤炭开采沉陷影响可能产生的拉张裂缝最大发育深度，并运用拉伸变量值作为控制指标，使用线式应变观测系统对堤体开裂破坏进行预测预报，以指导堤防安全工作。

武雄等[97]首次提出了利用先进的导航和定位技术，结合声波测深仪对水下地形进行现场实践测量，使得测量效率和精度大大提高，取得了良好的应用效果，并采用理论计算、数值模拟、现场测量和工程类比相结合的方法论证了岳城水库下进行煤炭资源开采的可行性。

田文书等[98,99]分析了采煤沉陷对河道及防洪堤造成下沉、破损等的危害性，依据水利行业规范，系统总结了济宁辖区内河下采煤沉陷的损毁特征，以及现有沉陷后治理模式中存在的问题，提出了采取预加固与沉陷综合治理相结合的河下采煤沉陷治理模式。

张长文等[100]分析了达连河防洪堤采煤沉陷后的地表移动变形规律和裂缝发育情况，对防洪堤沉陷的过程及特点进行了详细的论述，提出了对沉陷坝体治理的技术措施。

张文秀、李文秀等[101,102,103]运用概率统计理论建立了一种针对隧道开挖导致地表下沉的模糊数学模型，并在 BP 神经网络算法的基础上进行了改进，而且采用反分析方法确定岩体移动变形参数，还对其建立的数学分析模型及参数确定方法进行了预测和验证。

杨宝林等[104]利用 GIS 空间分析功能对研究区数据进行提取分级、赋值统计及归一化等处理，包括高程、坡度、地层、地下开采点的分布密度，相距最近地下开采点的距离，开采厚度与深度比值，腐蚀接触带缓冲区、地下水深度以及地表地物类型的矿区采空塌陷易发生评价指标数据集，建立了基于 BP 神经网络的矿区采空塌陷易发性预测模型，通过优化训练样本，实现矿山塌陷易发性的精准预测。

杨逾等[105,106]通过分析开采沉陷地表移动、采动区地表与建筑物变形协同关系、地表兴建建筑物的评价因子和方法，指出矿区采煤沉陷稳定区域通过科学合理指标因子评价分析，可以在确定范围内进行适当规模的非特殊建筑物建设。

郭文兵等[107,108]对米村矿土石坝体的采动影响程度进行了分析，提出了土石坝体"五因素"协调开采方法，最大限度地提高了煤炭资源采出率，延长了矿井服务年限，取得了较好的经济和社会效益。

袁亮、吴侃等[109,110,111,112,113,114]对淮河堤下采煤的研究与实践是最为系统和全面的，他们采用边实践边总结提高的技术路线，运用野外测试和室内模拟分析相结合，开采与治理相结合的研究方法，攻克了多项难题，取得了丰硕的成果。

1.2.3　研究现状综合评述

前人实践经验和理论成果虽有不少,主要集中在水体及堤坝下采煤的可行性分析、观测技术的改进及采煤方法的总结等方面,但对受采动影响的堤坝移动变形还没有形成全面系统的认识,堤坝下采煤地表沉陷的治理措施缺乏实用性,坝体下影响覆岩变化的主要因素对地表沉陷的发育特征影响缺乏统一性和连贯性,这将是以后研究的重点。

综合国内外研究现状,在水库堤坝下开采特厚煤层引起坝体的移动变形及破坏和水下开采的安全性方面还有很多值得去深入研究的内容。

(1) 水下开采的安全性要考虑导高与水体之间的位置关系,而导高与地质、采动、时间等因素存在着很大的关系。导高计算常用的方法有板和梁的理论推导,实测数据的拟合。采用板和梁的理论去分析覆岩的变形破坏,没有考虑采动(采动的剧烈程度引起覆岩垮落破碎的大小不一,垮落岩体的残余碎胀系数越小,覆岩变形破坏发育高度越高)和时间因素(导高发育到最大值后,顶部裂缝会随着时间推移而逐步闭合)的影响,计算结果存在着一定的误差;采用相邻工作面实测数据或者类似条件下的实测数据(样本数据充足)进行回归拟合,得到的导高计算公式具有较高的参照价值,但对于新建矿井实测样本数据较少的情况下,只有采用数值模拟的方法扩大拟合回归样本空间,再进行统计回归分析得到待采工作面预测精度较高的导高计算模型。

(2) 水库堤坝下煤层开采后,对于地表的移动变形预测,大多数专家学者都采用传统的概率积分法进行,而概率积分法是基于随机介质理论的,没有考虑输入参数和计算模型自身缺陷的影响。即计算模型中需要输入的下沉系数和水平移动系数等参数,都是采用相邻工作面的经验类比所得,没有用到待采工作面的基础数据进行推断,用其计算出的地表移动变形显然会存在着一定的误差;而且计算模型中所需输入参数没有考虑待采工作面的岩性及组合特征(对于地表移动变形预测影响权重较大)和其他地质因素等,最终导致地表移动变形预测结果的误差进一步增大。因此,应在深入了解概率积分法的计算方法和原理上,针对输入参数和计算模型中的自身缺陷,提出有针对性的改进方案,保证坝下开采地表移动变形的预测结果和坝体移动变形的推断结果具有较高的准确性。

(3) 坝下开采坝体的加高加固基本上都是凭借经验设计的大而全方案,几乎没有针对坝体移动变形和变形破坏规律及特征而设计方案的案例。往往会存在以下问题:一是部分措施的实施对坝体的安全运营没有实质上的帮助,造成维修成本的增加;二是一些事先没有预料到的特殊情况,会导致大坝运营受到威胁和安全事故发生。因此,应该在深入研究和掌握坝体在开采过程中移动变形和变形破坏的规律及特征的前提下,设计具有很强针对性的维修方案,确保大坝安全运营,且减少维修成本。

1.3　主要研究内容及技术路线

1.3.1　主要研究内容

以大平煤矿坝下首采工作面为研究对象,针对开采过程中坝体的变形破坏规律与特征,以及坝体维修技术进行研究,主要研究内容包括以下几个方面。

（1）覆岩变形破坏测试数据整理与库坝土体物理力学参数测定

对大平矿观测的各工作面垮落带高度进行整理分析，得出各工作面垮落带高度、垮落带高度范围和冒采比等。对大平矿区探测（物探）的各相关工作面导高进行整理分析，得出各综放工作面的导高、导高范围和导采比等。对大平矿相关工作面的地表移动变形实测数据进行整理分析，得出各工作面开采后的地表移动变形值。采用实验室测试方法对库坝土体的物理力学指标进行测定。以上观测结果和测试结果将为后续的研究提供基础数据依据。

（2）导高和垮落带高度预测模型的构建及坝下开采工作面导高的确定

在分析覆岩变形破坏各主要影响因素的基础上，运用正交试验法确定不同影响因素组合的试验方案组，通过 3DEC 模拟得出各方案的导高和垮落带高度，结合工作面导高和垮落带高度的实测数据，运用统计分析方法，构建了该井田内导高和垮落带高度的计算模型。并用其计算坝下首采工作面的导高，同时采用数值模拟的方法分析首采工作面的导高，根据两种方法分析的结果，确定首采工作面的最大可能导高。

（3）水下开采安全性分析

根据首采工作面的最大可能导高，依据《建筑物、水体、铁路及主要井巷煤柱留设与压煤开采规范》（简称《"三下"规范》）的相关规定，结合同一井田内已采工作面实测数据，确定坝下工作面水下开采的安全性判定准则，并评价坝下首采工作面水下开采的安全性。

（4）首采工作面（S2S9）开采后的坝体移动变形规律及特征

采用概率积分法对实测工作面开采后的地表移动变形进行预测，并与实测数据进行误差分析，查找误差产生的原因，对预测模型进行修正。应用修正后的计算模型对首采工作面的地表和坝体移动变形规律及特征进行分析，并据其推断坝体的变形破坏规律和特征。

（5）首采工作面坝下开采坝体变形破坏规律的模拟分析

分别采用相似材料模拟和数值模拟的方法，对坝体在工作面推进过程中的变形破坏机理、规律和特征进行分析。

由于全尺寸模拟坝体尺寸较小，难以分析其内部的变形破坏情况，探求简化（局部放大）的模拟方法，对坝体内部的变形破坏规律及特征进行更为深入的分析。因此，采用三种方式进行模拟分析：一是进行全尺寸数值模拟，分析大坝整体的变形破坏规律及特征；二是采用相似材料模拟简化方法，分析坝体内部随开采的变形破坏规律及特征；三是利用数值模拟简化方法，分析坝体内部随开采的变形破坏规律及特征，并与相似材料模拟结果进行相互验证。

（6）坝体维修方案设计及应用效果分析

根据坝体变形破坏规律及特征、水库现状、国家相关规定设计坝体库水水位控制、加高加固、防渗、施工工艺和质量监控等方案，并根据质量监控结果验证坝体维修方案的合理性。

1.3.2 技术路线

根据主要研究内容绘制技术路线图，如图 1.2 所示。

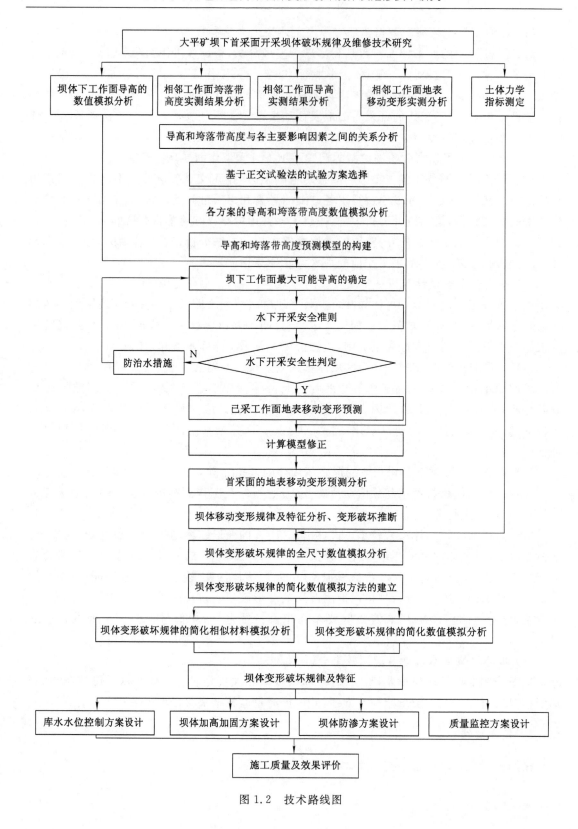

图 1.2 技术路线图

2　覆岩变形破坏及库坝土体物理力学参数测试分析

水库坝体下煤层开采时,既要保证水下开采的安全,也要保证水库运营的坝体安全。保证水下煤层开采安全时,需要掌握煤层开采后覆岩变形破坏的导高和垮落带高度发育规律及特征;保证坝体下煤层开采后水库运营中坝体安全时,需要掌握煤层开采后覆岩变形破坏引起的地表移动变形规律及特征,以及库坝土体结构的稳定性,确保煤层开采时不会发生溃坝或者溢坝事故。

2.1　工程背景

2.1.1　矿井概况

大平煤矿位于沈阳市康平县与法库县之间,井田东北与康平县三台子煤矿、小康煤矿相毗邻,西南与法库县边家煤矿相接,西北和东南为平缓的农田。井田内有 203 国道从井田东部通过,北距康平县城 12 km,南距法库县城 17 km,距铁法煤业(集团)有限责任公司所在地调兵山火车站约 31 km,交通十分便利。

井田共有 1# 和 2# 两个可采煤层,层间距较小,实施联合开采,合并后厚度为 0.70～16.67 m,平均 8.69 m。煤层倾角 5°～8°,平均 7°,属近水平煤层。

矿井采用立井单水平分区式开拓,共划分 7 个采区(图 2.1),分别为北一、北二、北三、南一、南二、南三和南四采区。北一采区为首采区,南二采区为接续采区。到目前为止,北一采区已开采北翼四个工作面和南翼三个工作面,南二采区已开采北翼的两个工作面,其中成功开采出五个库水下工作面。

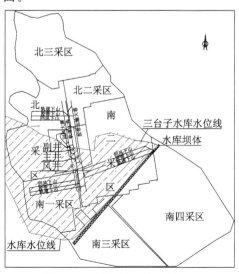

图 2.1　矿井开拓系统示意图

2.1.2 三台子水库与大坝

（1）三台子水库

三台子水库库水覆盖整个南一采区以及北一采区和南二采区的部分工作面。库水除地表径流外,主要来源于李家河和西泡子人工渠。水库死水位+80.5 m,正常蓄水位+82.0 m,水库库底最低标高为+78.79 m,平均水深 2.6 m,库区的集水面积 143 km²,总库容 4.5×10⁷ m³。由于多年来对坝体的加固处理,致使坝体附近水深加大,最大水深为 3.41 m。水库多年平均径流量为 1 344.2 万 m³,径流调节系数为 0.88,多年调节库容系数为 0.78,可供水量 1.61×10⁶ m³。水库的设计洪水标准为 50 年一遇（P＝2%）,校核洪水标准为 300 年一遇。设计洪水位+82.89 m,校核洪水位为+83.84 m,水库最大泄量为 44.60 m³/s。按辽宁省中小河流设计暴雨洪水计算方法进行计算[115,116],如表 2.1 所示。

表 2.1　洪水计算成果表

项目	频率		
	$P＝2\%$	$P＝1\%$	$P＝0.33\%$
洪峰流量/(m³/s)	671.8	832.1	1 056.3
一日洪量/(10⁴ m³)	1 716.7	2 125.3	2 754.3
三日洪量/(10⁴ m³)	1 778.0	2 202.2	2 885.6

根据《水利水电工程等级划分及洪水标准》(SL 252—2017)及《防洪标准》(GB 50201—2014)的规定[117]:水库级别为Ⅲ等,工程规模为中型。

（2）大坝

大平矿水库坝体位于井田内中部位置,横穿南二、南三采区。现南二采区水库坝体下共布置 5 个综放工作面,坝体斜穿在 5 个综放工作面的上覆地表,位置关系如图 2.2 所示。

由图 2.2 中的煤层埋深等值线可以看出:坝体穿过首采工作面位置的最大埋深为－700 m、最小埋深为－650 m。

水库坝体为均质黏土坝,全长 4 120 m,平均标高+85.79 m（最大高程+86.60 m）,坝顶宽度 5.0 m,坝底宽 36.08 m,坝高 7.0 m,主坝路为沥青路面（厚 0.36 m）。迎水坡侧坡比为 1∶2.5,主要采用干砌石护坡（包含碎石、砂层）;背水坡侧坡比为 1∶2.0,主要采用碎石护坡,坝脚排水体采用干砌石贴坡排水（反滤体为 20 cm 厚碎石和 20 cm 厚砂层）。坝体的横剖面如图 2.3 所示。

坝体由均匀粉质黏土构成,其渗透系数为 6.59×10⁻⁵ cm/s,坝基黏土下伏基岩为全强风化砂岩、泥岩,均属弱透水层,是库区较好的相对隔水层。

坝体北侧为三台子水库,经现场勘查发现该段大坝坝顶无裂缝,背水坡及迎水坡无凹陷及鼠洞现象,坝基也无渗漏情况,且大坝运行多年来,也未发现坝基渗流事件的发生,说明本段坝体目前不存在坝基渗漏问题。

坝体南侧为低山丘陵区,区内不仅有 5 个乡镇、1 个农场,还包含煤炭运输铁路和 203 国道以及 1.8 万亩农田,因此,三台子水库是一座以防洪为主,兼有灌溉、水产养殖和旅游功能的中型水库。

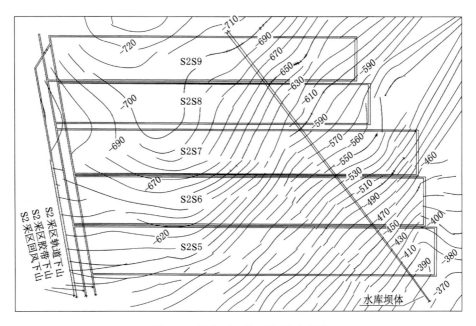

图 2.2　坝体下工作面布置示意图

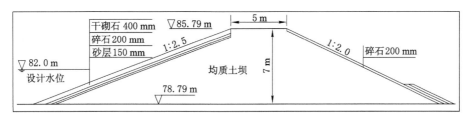

图 2.3　坝体横剖面图

2.1.3　南二采区及首采工作面

（1）南二采区

南二采区工业储量 6 580.3 万 t,设计回采储量为 4 950.64 万 t,服务年限为 11 年。根据采区轨道大巷共划分两个部分:采区轨道大巷南侧采区和北侧采区,总计 16 个工作面。南侧采区划分 9 个综放工作面(S2S1、S2S2、S2S3、S2S4、S2S5、S2S6、S2S7、S2S8 和 S2S9 综放工作面),北侧采区划分 7 个综放工作面(S2N1、S2N2、S2N3、S2N4、S2N5、S2N6 和 S2N7 综放工作面),其中 S2N1 和 S2N2 已回采完毕。采区上覆地表主要为三台子水库,所有工作面均在不同程度上被库水覆盖,水下开采面积约占整个采区的 70%。其中 S2S5、S2S6、S2S7、S2S8 和 S2S9 共计 5 个综放工作面位于水库坝体下(图 2.4)。

随着开采的不断推进,南二采区的坝下 5 个工作面现已列入矿井的开采计划。其中,S2S9 工作面为首个坝下开采工作面。

（2）首采工作面

首采工作面(S2S9)位于南二采区南侧,首采面南侧、东侧同南四采区(未开发)相邻,北靠 S2 采区胶带下山和轨道下山,西邻未开采的 S2S8 段工作面。

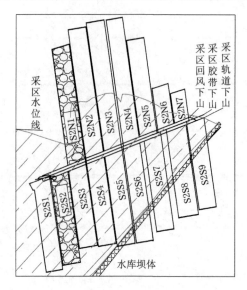

图 2.4　南二采区工作面布置图

地表东北为四家子村民宅,西侧为三台子水库,北部地表主要为平缓耕地,南部地表主要为鱼塘。三台子水库大坝位于工作面中部,与首采工作面 S2S9 的夹角为 45°。根据矿井生产技术条件,布置工作面长度 277 m,推进长度 2 001 m,面积为 55.4 万 m²。煤层平均厚度 8.95 m,倾角 5°～8°(平均 7°),埋藏深度 684～767 m(平均 725 m),设计原煤采出量 761.2 万 t,预计 30 个月采完(推进速度 2.22 m/d)。

① 地质条件

a. 第四系。井田内除在丘陵高岗地带有些白垩系地层表露外,其余均被第四系所覆盖。本系上部由 0.2～0.5 m 黑色腐植土组成,中部为 0.2～17.0 m 灰黄色亚黏土,下部由 1.5～5.0 m 黄色粗砂组成,底部含有砾石,厚度 1～20 m。

b. 白垩系下统(K_1)。白垩系下统孙家湾组共有两段,紫色砂岩段和灰绿色砂泥岩段。灰绿色砂泥岩段($K_1 s^1$)以灰绿色粉砂岩、细砂岩为主,夹泥岩、粗砂岩和砂砾岩,厚度 2.3～89.1 m,与下伏地层平行不整合接触;紫色砂岩段($K_1 s^2$)以紫色粉砂岩、细砂岩为主,夹泥岩、粗砂岩及砂砾岩,厚度 220.8～660.2 m。

c. 侏罗系上统。侏罗系上统三台子组共有四段,分别为泥岩段、油页岩段、含煤段和砂岩段。砂岩段($J_3 s^2$)由灰色、灰白色砂岩组成,夹深灰色泥岩、粉砂岩及砂砾岩,砂岩成分以石英、长石为主,厚度 25.4～240.3 m;含煤段($J_3 s^3$)主要以煤层为主,间夹碳质页岩、黑色泥岩、油页岩及粉砂岩,平均厚度 8.95 m;油页岩段($J_3 s^4$)是煤田内主要标志层,以黑褐色油页岩为主,夹黑色泥岩、粉砂岩、泥灰岩及菱铁矿透镜体,其中首采面油页岩厚度为 11 m(粉砂岩厚度 10 m 左右),其他采区油页岩厚度为 15.3 m 左右;泥岩段($J_3 s^5$)以黑色泥岩为主,夹有深灰色粉砂岩,厚度 2.41～75.4 m。

工作面综合柱状图如图 2.5 所示。

② 水文

a. 含水层

侏罗系直接充水承压含水层赋存于煤层的下部,与上覆煤层的保护层厚度无关,与上部

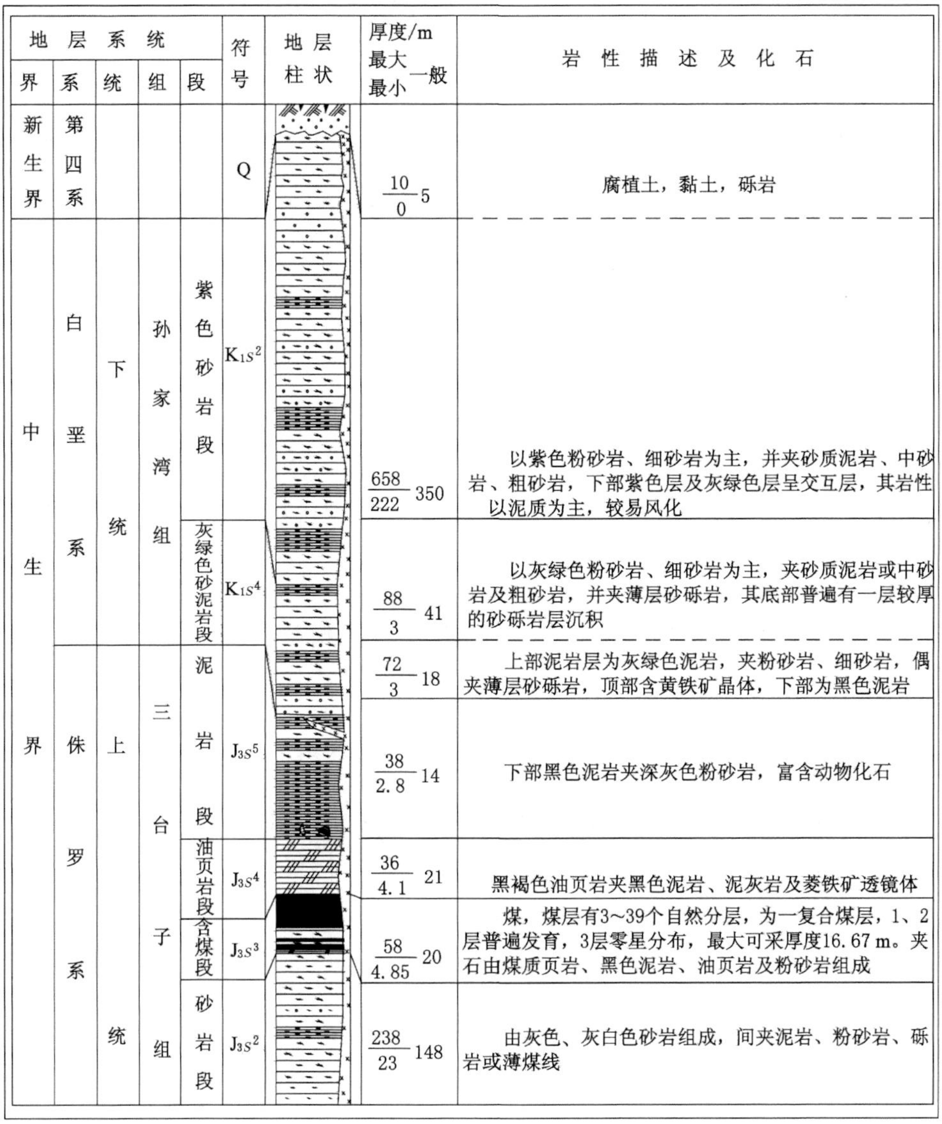

地层系统					符号	地层柱状	厚度/m 最大／最小 一般	岩性描述及化石
界	系	统	组	段				
新生界	第四系				Q		$\dfrac{10}{0}$ 5	腐植土,黏土,砾岩
中生界	白垩系	下统	孙家湾组	紫色砂岩段	K_1s^2		$\dfrac{658}{222}$ 350	以紫色粉砂岩、细砂岩为主,并夹砂质泥岩、中砂岩、粗砂岩,下部紫色层及灰绿色层呈交互层,其岩性以泥质为主,较易风化
				灰绿色砂泥岩段	K_1s^4		$\dfrac{88}{3}$ 41	以灰绿色粉砂岩、细砂岩为主,夹砂质泥岩或中砂岩及粗砂岩,并夹薄层砂砾岩,其底部普遍有一层较厚的砂砾岩层沉积
	侏罗系	上统	三台子组	泥岩段	J_3s^5		$\dfrac{72}{3}$ 18	上部泥岩层为灰绿色泥岩,夹粉砂岩、细砂岩,偶夹薄层砂砾岩,顶部含黄铁矿晶体,下部为黑色泥岩
							$\dfrac{38}{2.8}$ 14	下部黑色泥岩夹深灰色粉砂岩,富含动物化石
				油页岩段含煤段	J_3s^4		$\dfrac{36}{4.1}$ 21	黑褐色油页岩夹黑色泥岩、泥灰岩及菱铁矿透镜体
					J_3s^3		$\dfrac{58}{4.85}$ 20	煤,煤层有3～39个自然分层,为一复合煤层,1、2层普遍发育,3层零星分布,最大可采厚度16.67 m。夹石由煤质页岩、黑色泥岩、油页岩及粉砂岩组成
				砂岩段	J_3s^2		$\dfrac{238}{23}$ 148	由灰色、灰白色砂岩组成,间夹泥岩、粉砂岩、砾岩或薄煤线

图 2.5　综合柱状图

含水层无水力联系,在此可忽略不计。

白垩系砂岩及砂砾岩承压含水层,根据其岩性和沉积建造环境条件及水文地质特征等,可分为两段:白垩系风化带含水段和白垩系微弱含水段。白垩系风化带含水段主要由紫红色砂岩及砂砾岩组成,其成分以石英、长石为主,结构松散破碎,砾径不一,含水层厚度也随赋存深度加深而增厚,厚度 10.73～62.34 m,平均 31.03 m。白垩系微弱含水段主要由泥岩和粉细砂岩组成,泥质胶结,其结构较上部风化带含水段致密,含水性及透水性比较弱,含水层厚度 14.91～44.18 m,平均 27.17 m。

第四系砂及砂砾承压含水层在8.52～13.47 m厚亚黏土及黏土之下,最大厚度2.33 m,主要成分由以石英、长石为主的砂及砂砾组成。

b. 隔水层

第四系黏土及亚黏土隔水层主要由黄色、黄褐色黏土和亚黏土组成,结构密实,含铁质结核,具可塑性,干硬。其分布西北薄东南厚,厚度在 1.3～13.47 m,平均 7.2 m。在水库底部的南北两侧约 6 m,中部较厚约 11 m,平均 8 m。在地表 2.66 m 的亚黏土及黏土,渗透系数小于 0.001 m/d,能起到隔水作用。

侏罗系煤层顶板泥页岩隔水层主要由黑色泥岩及黑褐色油页岩组成,结构细腻,直接赋存于煤层之上。

2.2　垮落带高度实测数据的整理分析

采用 GH45 型振弦式压力盒配合 GSJ-2A 型便携式多功能电脑监测仪对工作面采空区垮落带发育高度进行实时监测[118,119],监测结果用于构建该井田内综放工作面开采后覆岩垮落带高度的计算模型。以 N1S2 工作面为例,根据实时监测结果分析采动过程中采空区覆岩垮落带发育高度及特征。

(1)监测原理

GH45 型振弦式压力盒为横式弦结构,与 GSJ-2A 型便携式多功能电脑监测仪配套使用,如图 2.6 所示。

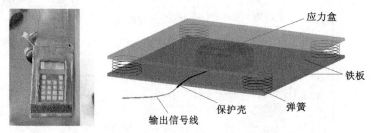

图 2.6　GSJ-2A 型便携式多功能电脑监测仪和 GH45 型振弦式压力盒

其工作原理是将压力盒承受的采空区垮落岩石的垂直作用力转换为频率信号,通过电缆传输到 GSJ-2A 型便携式多功能电脑监测仪上,电脑监测仪利用其内部的数学计算模型将频率信号反演为应力值,在压力盒上直接显示受到的实时压力值。

根据监测的压力值、垮落岩层厚度、容重和压力盒钢弦表面积之间的关系式,求出上覆岩层垮落岩体的厚度。计算时上覆岩体的平均容重取值 25 kN/m³。

垮落岩体的压强等于垮落带高度与其容重的乘积,即

$$p = \gamma H_m \tag{2.1}$$

式中　p——垮落岩体的压强,MPa;

　　　H_m——垮落带高度,m;

　　　γ——垮落岩体上覆岩体的平均容重,kN/m³。

其中,压强 p 与压力值 σ 的关系为:

$$p = \frac{\sigma}{S} \tag{2.2}$$

式中　S——压力盒钢弦的表面积,m²;

σ——压力盒监测的压力值,kN。

把式(2.2)代入式(2.1)得:

$$H_m = \frac{\sigma}{S\gamma} \qquad (2.3)$$

(2)测点布置

N1S2 工作面的回采工艺为长壁后退式综采放顶煤,工作面推进长度 1 392 m,工作面长度 227 m,采高 14.74 m,煤层倾角 5°～9°(平均 7°),属近水平煤层,煤层埋深 430 m。

N1S2 工作面共布置 2 个测点,1 号测点安设在距采止线 53 m、距运输顺槽外帮 20 m(10 号支架)处;2 号测点安设在距采止线 58 m、距运输顺槽外帮 80 m(48 号支架)处,如图 2.7 所示。

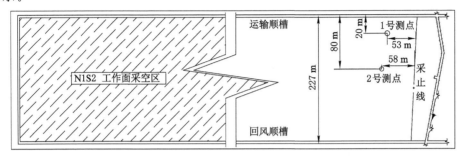

图 2.7 N1S2 工作面覆岩应力变化监测点布置图

2 个测点处设备安装运行调试完成时工作面的运输顺槽距采止线 50 m,回风顺槽距采止线 66 m,工作面从此位置推进至采止线用时 30 天(3 月 31 日至 4 月 30 日),共计观测 36 天(3 月 31 日至 5 月 5 日)。

(3)测试结果

随着回采工作面的推进,采空区空顶面积增大,顶板受上覆岩层重力载荷的作用,上覆岩层逐渐出现失稳、垮落、弯曲下沉到下沉稳定的一个动态平衡过程。

对采动过程各测点的应力值进行观测、记录,根据各个测点的应力值观测结果,将其换算为垮落带高度,如表 2.2 和表 2.3 所示,并绘制各测点垮落带高度发育曲线,如图 2.8 所示。

表 2.2 1 号测点实测数据

观测日期	实测频率/Hz	压力/kN	采高/m	垮落带高度/m
3.31	2 124.46	80	14.74	3.26
4.1	2 124.21	440	14.74	18.01
4.2	2 122.78	573	14.74	23.47
4.6	2 120.31	750	14.74	30.71
4.7	2 117.17	840	14.74	34.39
4.8	2 116.04	940	14.74	38.49
4.9	2 114.12	1020	14.74	41.76
4.10	2 113.25	1070	14.74	43.81

表 2.2(续)

观测日期	实测频率/Hz	压力/kN	采高/m	垮落带高度/m
4.11	2 111.47	1140	14.74	46.68
4.12	2 111.39	1205	14.74	49.34
4.13	2 111.21	1270	14.74	52.00
4.14	2 111.27	1335	14.74	54.67
4.15	2 111.46	1 400	14.74	57.33
4.17	2 111.31	1 465	14.74	59.99
4.18	2 111.19	1 530	14.74	62.65
4.19	2 111.22	1 554	14.74	63.65
4.21	2 111.32	1 554	14.74	63.65
4.22	2 111.25	1 554	14.74	63.65
4.23	2 111.18	1 554	14.74	63.65
4.24	2 111.24	1 554	14.74	63.65
4.25	2 111.28	1 554	14.74	63.65
4.26	2 111.19	1 554	14.74	63.65
4.27	2 111.27	1 554	14.74	63.65
4.28	2 111.19	1 554	14.74	63.65
4.29	2 111.18	1 554	14.74	63.65
4.30	2 110.93	1 587	14.74	65.02
5.1	2 110.59	1 633	14.74	66.87
5.2	2 110.25	1 678	14.74	68.73
5.3	2 109.90	1 723	14.74	70.58
5.4	2 109.56	1 768	14.74	72.43
5.5	2 109.22	1 814	14.74	74.29

表 2.3 2 号测点实测数据

观测日期	实测频率/Hz	压力/kN	采高/m	垮落带高度/m
3.31	2 010.49	690	14.74	28.26
4.1	2 007.95	1 050	14.74	43.01
4.2	2 007.40	1 183	14.74	48.47
4.6	2 005.05	1 360	14.74	55.71
4.7	2 004.22	1 450	14.74	59.39
4.8	2 003.26	1 550	14.74	63.49
4.9	2 002.52	1 630	14.74	66.76
4.10	2 002.01	1 680	14.74	68.81
4.11	2 001.59	1 750	14.74	71.68
4.12	2 001.32	1 815	14.74	74.34

表 2.3(续)

观测日期	实测频率/Hz	压力/kN	采高/m	垮落带高度/m
4.13	2 000.87	1 880	14.74	77.00
4.14	2 000.39	1 945	14.74	79.67
4.15	2 000.49	2 010	14.74	82.33
4.17	2 000.50	2 075	14.74	84.99
4.18	1 999.98	2 140	14.74	87.65
4.19	1 999.47	2 164	14.74	88.65
4.21	1 999.01	2 164	14.74	88.65
4.22	1 998.95	2 164	14.74	88.65
4.23	1 998.62	2 164	14.74	88.65
4.24	1 998.20	2 164	14.74	88.65
4.25	1 997.97	2 164	14.74	88.65
4.26	1 997.87	2 164	14.74	88.65
4.27	1 997.87	2 164	14.74	88.65
4.28	1 997.78	2 164	14.74	88.65
4.29	1 997.72	2 164	14.74	88.65
4.30	1 997.28	2 198	14.74	90.02
5.1	1 996.63	2 243	14.74	91.87
5.2	1 995.98	2 288	14.74	93.73
5.3	1 995.34	2 334	14.74	95.58
5.4	1 994.69	2 379	14.74	97.43
5.5	1 994.04	2 424	14.74	99.29

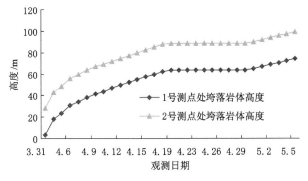

图 2.8　两测点处垮落岩体高度变化趋势图

① 1号压力测点

从表 2.2 和图 2.8 所示的 1 号测点处垮落带高度变化趋势可知:在测点安设后第 1 天观测时,监测应力盒的压力值达到 80 kN,计算得到垮落岩体的高度为 3.26 m,说明煤层开采后应力盒上覆的伪顶立即出现了垮落。

第 2 天观测时,应力盒上的压力值增大至 440 kN,应力盒上部垮落岩体的高度增幅较大,达到 18.01 m,说明应力盒上覆岩体受采动影响和采空区悬顶面积较大导致顶板破碎、岩体垮落现象明显,结合工作面的综合柱状图可知:顶板上覆的油页岩层段基本垮落完毕。

第 3 天至第 19 天观测时,监测应力盒上的压力值由 440 kN 增大至 1 554 kN,垮落岩体的高度增幅较前两天平缓,但应力盒上覆垮落岩体的高度也上升至 62.65 m,岩体垮落高度呈现平稳增高的变化趋势,说明未垮落岩层受临界载荷、自由下沉空间高度和采动影响,导致上覆岩体逐步垮落,充填至采空区,但应力盒上覆的采空区尚未充满。

第 20 天应力盒上覆垮落岩体的高度增大至 63.65 m 后,直到第 30 天时垮落岩体的高度都未再发生变化。这表明随着采空区上覆岩体垮落,采空区逐渐被垮落的岩体充满,垮落岩体上覆的自由下沉空间高度和岩层的临界载荷未满足岩层垮落的要求,垮落岩体上覆的岩层没有再发生垮落,也没有与已垮落的岩体接触。

第 31 天至第 36 天观测时发现应力盒上的压力值继续增大,但增大幅度较之前偏小,说明应力盒上垮落岩体上覆的岩层受采动影响、自由下沉空间高度限制和临界载荷限制,没有发生垮断、垮落现象,仅出现整体下沉,向垮落的岩体挤压,使得应力盒上的压力值出现持续增大现象。由此可认为应力盒上覆垮落岩体的高度为 63.65 m。

由于该压力测点距运输顺槽外帮仅有 20 m,受运输顺槽边界处隔离煤柱影响,应力盒上垮落岩体上覆岩层的弯曲下沉类似于悬臂梁结构,致使应力盒上测得的垮落岩体高度比垮落带高度较小。

② 2 号压力测点

从表 2.3 和图 2.8 所示的垮落岩体高度变化趋势可知:2 号测点在安设后第 1 天观测时,监测应力盒的压力值达到 690 kN,计算得到垮落岩体的高度为 28.26 m,较 1 号测点的岩体垮落高度较大,说明煤层开采后应力盒上覆岩层受工作面周边煤柱影响较小,自由下沉空间较充分,靠近煤层顶板岩体弯曲下沉的强度超过其临界载荷,所以垮落岩体的高度较大。

第 2 天观测时,监测应力盒的压力值增大至 1 050 kN,垮落岩体的高度为 43.01 m,但较第 1 天观测时垮落岩体的高度有所下降,说明随着岩层岩性强度的变化,垮落岩体上覆岩层弯曲下沉达到临界载荷的时间变长,垮落速度也在降低。

第 3 天至 19 天观测时,应力盒上的压力值从 1 183 kN 增大至 2 140 kN,垮落岩体的高度增幅较前 2 天平缓,增长速率保持线性关系,垮落岩体的高度也由 48.47 m 增大至 87.65 m,说明未垮落岩层受临界载荷、自由下沉空间高度和采动影响,致使上覆岩体逐步垮落,充填至采空区。应力盒上覆岩体垮落还在继续,表明应力盒上覆的采空区尚未充满。

第 20 天应力盒上覆垮落岩体的高度增大至 88.65 m 后,直到第 30 天时垮落岩体的高度都未发生变化。这表明随着采空区上覆岩体垮落,采空区逐渐被垮落的岩体充满,垮落岩体上覆的自由下沉空间高度和临界载荷未满足岩层垮落的要求,垮落岩体上覆的岩层没有再发生垮落,也没有与已垮落的岩体接触。

第 31 天至第 36 天观测时,发现应力盒上的压力值继续增大,但增大幅度较之前偏小,说明应力盒上垮落岩体上覆的岩层受采动影响、自由下沉空间高度限制和临界载荷限制没有发生垮断、垮落现象,仅出现弯曲下沉,向垮落的岩体挤压,使得应力盒上的压力值出现持续增大现象。由此可认为应力盒上覆岩体垮落的高度为 88.65 m。

由于同一工作面不同位置上覆岩体的垮落高度各不相同,但整体会呈现拱形特征,根据垮落带高度的特征,综合两个测点的垮落岩体发育高度的变化规律和大小,可得到 N1S2 工作面采空区最大垮落带高度为 88.65 m。

(4)各工作面垮落带高度

采用该方法共计观测了 5 个工作面,各工作面的最大垮落带高度及冒采比如表 2.4 所示。

表 2.4　各工作面垮落带高度及冒采比

工作面	煤厚/m	采高/m	最大垮落带高度/m	冒采比
N1S1	15.3	12.6	75	5.95∶1
S2S2	15.2	13.93	85	6.10∶1
N1S2	15.3	14.74	88.65	6.01∶1
N1S3	15.3	14.74	86.82	5.89∶1
S2N1	13.86	11.54	67.1	5.81∶1

由表 2.4 可以看出:大平矿水库下特厚煤层综放开采时,N1S1 等 5 个工作面的最大垮落带高度分别为 75 m、85 m、88.65 m、86.82 m 和 67.1 m,平均为 80.51 m;冒采比分别为 5.95∶1、6.10∶1、6.01∶1、5.89∶1 和 5.81∶1,最大冒采比为 6.10∶1,最小为 5.81∶1,平均为 5.95∶1。总体上对比可得:各综放工作面的冒采比差别相对较小,且大小符合长期观测经验所得的垮落带高度 5 倍的采高左右估算范围。

2.3　导水裂缝带高度实测数据的整理分析

采用地面物探的方法对水库下特厚煤层各综放工作面开采后的导高进行观测,测得的结果用于构建该井田内综放工作面开采后覆岩导高的计算模型[120,121]。以 N1S1 综放工作面为例,介绍探测导高的分析方法、分析过程以及分析结果。

(1)EH-4 电磁测深仪工作原理

EH-4 是美国 Geometrics 公司和 EMI 公司联合研究的双源型高分辨率电磁成像系统(图 2.9)。该系统采用独特的正交磁偶极可控源,结合地震仪技术,可快速、自动、多频率采集数据,具有高分辨率和大勘探深度的优点,且在同一个测点上通过宽变频测量获得深部信息,不需要加大极距来增加勘探深度,测量效率高。

煤层开采后,采空区垮落带与完整地层相比,岩性变得疏松、密实度降低,其内部充填的松散物的视电阻率明显高于周围介质,在电性上表现为高阻异常;采空区裂隙带与完整地层相比,岩性没有发生明显的变化,但由于裂隙带内岩石的裂隙发育,裂隙中充入的空气致使导电性降低,在电性上也表现为高阻异常;采空区垮落带和裂隙带若有水注入,会使松散裂隙区充盈水分达到饱和的程度,引起该区域的电阻率迅速增加,表现为其视电阻率值明显低于周围介质,在电性上表现为低阻异常。物探探测结果分析导高计算公式为:

$$H_{li} = h_3 - h_4 \tag{2.4}$$

式中　H_{li}——导高,m;

h_3——视电阻率异常区上边界标高,m;

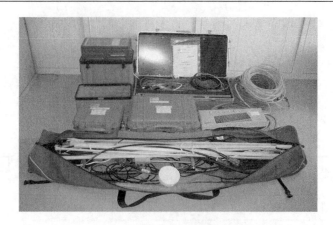

图 2.9 EH-4 电磁成像系统

h_4——煤层顶板标高,m。

（2）测线布置

N1S1 工作面采用走向长壁式综采放顶煤采煤法,工作面长度 227 m,推进长度 1 242 m,采高 12.6 m,煤层倾角 5°～8°（平均 7°）,煤层埋深 460.8 m。在 N1S1 工作面上覆地表布置 3 条观测线,1 号观测线与开切眼之间的水平距离为 70 m,2 号观测线与开切眼之间的水平距离为 100 m,3 号观测线与开切眼之间的水平距离为 190 m,观测线两端与上下顺槽侧帮的水平距离均为 38.5 m,观测线长为 150 m。具体布置如图 2.10 所示。

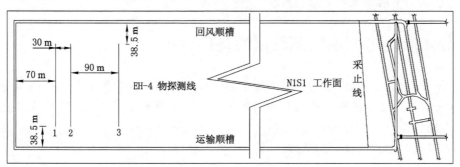

图 2.10 N1S1 工作面物探观测布置图

（3）测试结果

根据工作面推过测线的不同距离,测得观测剖面上地层的视电阻率变化图,经过 sabuo 软件处理成观测地层剖面的视电阻等值线图,分析地层各位置受采动影响破坏程度,确定工作面开采后的最大导高。

① 1 号探测线成果解释

工作面推过 1 号探测线 22 m 和 122 m 时的覆岩电阻率等值线图如图 2.11 所示。

由图 2.11 可以看出:当工作面推过 22 m 后,在采空区上方－290 m 至－370 m 标高之间的覆岩出现拱形高阻区,说明此区域内的顶板岩层发生断裂、垮落破坏,根据该区域范围内煤层顶板标高在－350 m～－400 m 之间,可知覆岩裂隙带发育最大高度约为 110 m。拱底核心区视电阻率高达 1.0×10^4 Ω·m 以上,说明该区域属于存在大量空洞和空隙的垮落区。

当工作面推过 122 m 后,第四系地层上部黏土、亚黏土层视电阻率为 20～40 Ω·m,层

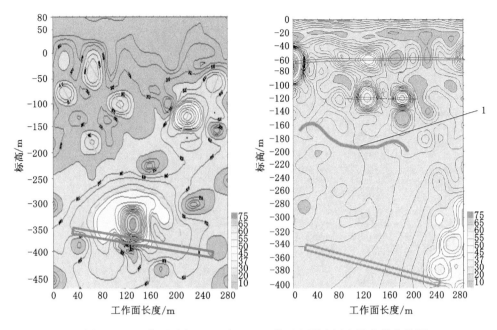

图 2.11　工作面后方 22 m 和 122 m 位置上覆岩层电阻率等值线图

状分布,等值线平稳、清晰。标高－20 m 底部含水砾石层显示为 10 Ω·m 以下串珠状低阻区;深度－60 m 水平白垩系风化带底界面为一组串珠状高、低阻团,表明第四系含水层与白垩系上部风化带含水段间,局部形成了水力通道;深度标高约－120 m 工作面中部发育 2 个 200 Ω·m 以上高阻团,表明有未充水离层空间发育。工作面的导高如图中 1 标出部分,呈现马鞍形特征,高度为 152.6～202.6 m(发育到上覆岩层的最高点标高为－200 m 和－220 m,最低点标高为－340 m 和－410 m)。

　　② 2 号探测线成果解释

　　工作面推过 2 号探测线 92 m 时的上覆岩层电阻率等值线图如图 2.12 所示。

　　由图 2.12 中工作面后方 92 m 上覆岩层的电阻率等值线分布可以看出:深度－60 m 水平之下可见由串珠状高、低阻团或其边界形成的多层拱形;深度－140 m 水平之下拱内岩层视电阻率为 20～40 Ω·m,显示为充水状态,裂隙发育充分;再往下的岩层视电阻率在 20 Ω·m 左右,导水裂缝带之上的岩层电阻率一般为 10～20 Ω·m,故由此得出该区域内的导高为 200～270 m(标高－340～－410 m)。

　　③ 3 号探测线成果解释

　　工作面推过 3 号探测线 82 m 时的上覆岩层电阻率等值线图如图 2.13 所示。

　　由图 2.13 可以看出:电阻率仍存在串珠状拱形分布形态,与工作面后方 92 m 的 2 号探测线地层电阻率图像比较,拱形略显紊乱,显示的较大离层破裂带拱顶深度约为－188.45 m(高度为 151.55～221.54 m,为采高的 12.03～17.58 倍)。对照 1 号探测线工作面后方 22 m 地层电阻率图像可以看出:随工作面推过距离的增加,工作面上覆岩层电阻率图像初期较为杂乱无序,后期逐渐清晰,与覆岩破坏、充水,从发展到稳定的过程相吻合。

　　综合上述 3 条探测线的测试结果,分析、解释开采过程中各个物探结果中视电阻率的分布特征,经对比分析后,选取测试结果中覆岩破坏高度最大的作为该工作面开采过程中的最

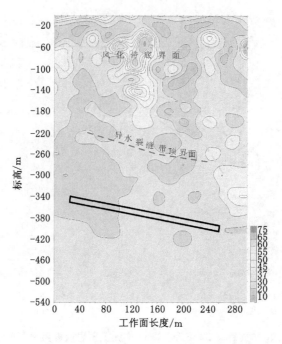

图 2.12　工作面后方 92 m 位置上覆岩层电阻率等值线图

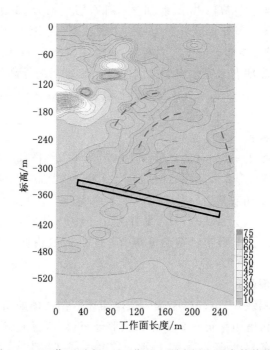

图 2.13　工作面后方 82 m 位置上覆岩层电阻率等值线图

大导高,则覆岩发育的最大导高为 221.5 m。

　　(4) 各工作面导高

　　采用上述物探方法,对其他 6 个工作面的导高进行了探测,共计 7 个工作面测试结果如表 2.5 所示。

表 2.5　各工作面探测结果及导采比

工作面	埋深 /m	推进长度 /m	工作面长度 /m	推进速度 /(m/d)	煤厚 /m	采高 /m	实测值 /m	导采比
N1N2	430.8	917	195	2.55	11	10.3	196	19.03：1
N1N4	368	348	207	2.92	12.75	11.4	227.7	19.97：1
N1S1	460.8	1 242	227	2.62	15.3	12.6	221.5	17.58：1
S2S2	551.2	1 022	227	2.62	15.2	13.93	231.4	16.61：1
S2N1	660	1 324	257	2.52	13.86	11.54	193.1	16.58：1
N1S2	430	1 392	227	2.39	15.3	14.74	234.1	15.88：1
N1S3	424.6	2 312	268	2.25	15.3	14.74	232	15.74：1

由表 2.5 可以看出,该井田内各工作面煤层开采后的最大导采比为 19.97：1,最小为 15.74：1,平均 17.34：1。产生偏差较大的原因是 N1N4 综放工作面埋深最浅,仅为 368 m,且推进速度较快,煤层直接顶为软弱岩层,易垮落,而基本顶为坚硬岩层,不易弯曲下沉,导高较大,导采比也较大;而 N1S2 与 N1S3 工作面直接顶为软弱岩层,基本顶也为软弱岩层,稳定性差,顶板垮落快,覆岩下沉量大,开采空间和垮落的岩层本身空间减小,垮落过程上覆裂隙带得不到充分发展,岩层开裂后易于密合和恢复原有的隔水能力,导高较低,导采比也相对较低。由此可以看出,同一井田内不同影响因素下产生的导高不同,导采比也不完全相同。

2.4　地表移动变形实测数据的整理分析

采用 TopconGPS 水准仪对 4 个工作面(N1S1,N1S3,S2N1,N1S2)开采过程中的地表移动变形进行了观测分析[122,123]。分析结果将用于地表移动变形预测误差分析及计算模型的修正。下面以 N1S2 工作面为例,介绍实际观测和结果分析的过程。

(1)TopconGPS 水准仪工作原理

TopconGPS 水准仪测量地表的移动变形值是利用一个测区内各点大地高和水准面之间的关系,推算各水准重合点上的高程异常,根据这些点的异常值拟合出测区的似大地水准面,内插出未知点上的高程异常,实现椭球高向正常高转换,TopconGPS 水准仪测试如图 2.14 所示。

转换过程:

首先进行 GPS 相对定位测量,对测量数据结果进行处理,得到基线向量,运用 GPS 网三维平差求出各点的大地高 H_i,再结合任意点 i 的高程异常 ξ_i 求得正常高 h_i:

$$h_i = H_i - \xi_i \tag{2.5}$$

由于 GPS 网三维平差计算时取一个点的大地高作为起算数据,与实际大地高之间存在着一个偏移的平移量 ΔH_0,计算精度较低,因此需在求出的大地高中添加平移量进行计算,由此可将式(2.5)转化为:

$$h_i = H_i + \Delta H_0 - \xi_i \tag{2.6}$$

由于偏移的平移量 ΔH_0 是不能直接测量得到的,为此,根据重合点的高程异常与水平

图 2.14　TopconGPS 水准仪测试

位置,建立测区的高程异常(差)面,采用内插法获得网中其他各点的高程异常,利用网中待定点的大地高和上面所求得的高程异常,求出工程需要的正常高 h_i,实现高程转换。假设测区内网中某点 k 的正常高 h_k 为:

$$h_k = H_k + \Delta H_0 - \xi_k \tag{2.7}$$

式中　　h_k——某点 k 处的正常高,m;

　　　　H_k——某点 k 处的大地高,m;

　　　　ξ_k——某点 k 处的高程异常,m。

将式(2.6)、式(2.7)组成方程组,消除偏移的平移量 ΔH_0,得到正常高 h_i 为:

$$h_i = h_k + (H_i - H_k) - (\xi_i - \xi_k) \tag{2.8}$$

(2) 测点布置

N1S2 工作面的相关参数见 2.2 节。在 N1S2 工作面距运输顺槽 133 m 处沿推进方向布置一条观测线,对从地表的移动变形开始直至变形稳定整个过程进行观测(图 2.15)。观测线共设 14 个测点(B1~B14)。B1~B9 之间各点间距为 10 m,B9~B14 之间各点间距为 20 m,测线全长 180 m。观测起始点 B1 距采止线 272 m。

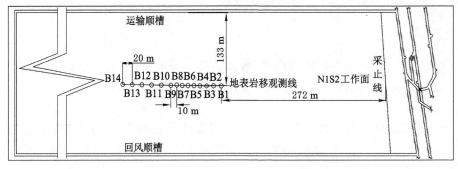

图 2.15　N1S2 工作面地表岩移观测线

（3）测试结果

分别在工作面推过 B1 测点 5 m 和 12 m 时，对测线上各点进行了 2 次观测。观测和计算得出各测点的地表移动变形值如表 2.6 和表 2.7 所示，由观测数据计算出各测点的移动变形值，分析 N1S2 工作面上覆地表各测点在不同时期的地表移动变形特征和大小。

表 2.6 工作面推过 B1 测点 5 m 时各测点的移动变形值

测点	下沉值 /m	倾斜值 /(mm/m)	曲率值 /(10⁻³·m⁻¹)	水平变形值 /(mm/m)	水平移动值 /m
1	−3.52	1.37	0.069	3.38	0.119
2	−4.03	2.72	0.309	20.58	0.993
3	−4.51	34.53	0.351	22.79	2.215
4	−5.22	47.23	0.084	6.73	3.108
5	−6.01	41.67	−0.358	−20.53	2.766
6	−6.82	20.11	−0.296	−19.88	1.143
7	−7.64	10.22	−0.166	−14.02	0.998
8	−8.62	17.46	−0.216	−16.24	1.062
9	−9.23	6.25	−0.001	−0.01	0.866
10	−10.35	5.32	−0.001	−0.01	0.866
11	−11.16	4.21	−0.001	−0.01	0.866
12	−11.55	4.13	−0.001	−0.01	0.866
13	−11.68	4.08	−0.001	−0.01	0.866
14	−11.72	3.88	0.000	0.00	0.866

表 2.7 工作面推过 B1 测点 12 m 时各测点的移动变形值

测点	下沉值 /m	倾斜值 /(mm/m)	曲率值 /(10⁻³·m⁻¹)	水平变形值 /(mm/m)	水平移动值 /m
1	−4.38	2.72	0.309	20.58	0.993
2	−5.15	34.53	0.351	22.79	2.215
3	−5.91	47.23	0.084	6.73	3.108
4	−6.62	41.67	−0.358	−20.53	2.766
5	−7.3	20.11	−0.296	−19.88	1.143
6	−8.12	10.22	−0.166	−14.02	0.998
7	−8.83	17.46	−0.216	−16.24	1.062
8	−9.42	6.25	−0.001	−0.01	0.866
9	−10.01	5.32	−0.001	−0.01	0.866
10	−11.31	4.21	−0.001	−0.01	0.866
11	−11.58	4.13	−0.001	−0.01	0.866
12	−11.71	4.08	−0.001	−0.01	0.866
13	−11.72	3.88	0.000	0.00	0.866
14	−11.72	3.88	0.000	0.00	0.866

由表 2.6 和表 2.7 的数据绘制两次观测的地表下沉曲线如图 2.16 所示。

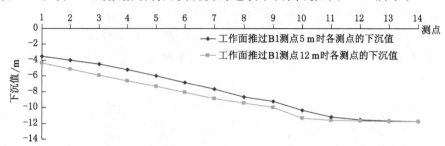

图 2.16　工作面推进不同距离时观测线上各测点的下沉值变化曲线图

由图 2.16 可以看出,第一次观测时,测点距工作面越远,下沉值越大。工作面后方 25 m 范围内(B1 至 B3 测点)下沉曲线变化趋势较为平缓;25 m 至 125 m 范围内(B3 至 B12 测点)下沉曲线斜率较之前增大,下沉较为明显;在 125 m 至 185 m 范围内(B12 至 B14 测点)下沉曲线斜率最小(几乎不变),下沉值最大,最大下沉值为 11.72 m,说明各测点的下沉基本达到稳定状态。从各测点的下沉值的变化特征可以得出,各测点下沉值构成的下沉曲线整体上呈现盆地式下沉形状,与采动影响下地表下沉特征基本吻合。

当工作面推过 B1 测点 12 m 时,工作面上覆地表的下沉继续保持距工作面越远,下沉值越大的特征。工作面后方 125 m 范围内(B1 至 B11 测点)各测点呈现均匀下沉状态,构成的下沉曲线呈线性关系。但 125 m 至 185 m 范围内(B11 至 B14 测点)各测点的下沉量增大趋势微弱,距离工作面越远的测点,下沉量变化越小(下沉值越大),其中 B12、B13 和 B14 测点基本相等,说明达到了该地质采矿条件下的最大下沉值 11.72 m。第一次观测时,B14 点也达到了最大下沉值。

由上述分析结果得到:各测点距工作面的距离越远,下沉值越大,随着工作面的推进,各测点的下沉量呈现继续增大的变化趋势,但距离工作面越远的测点,下沉量继续增大的趋势越小,直到接近最大下沉值时,下沉呈现稳定状态。

由表 2.6 和表 2.7 的数据绘制两次观测的其他变形值曲线,如图 2.17 所示。

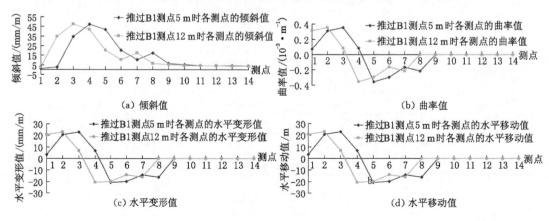

图 2.17　工作面推进不同距离时地表移动变形值的变化对比曲线

由图 2.17 中对比曲线图可以看出:两次观测结果的最大倾斜值出现在距推进工作面的 $32\sim35$ m 之间,说明此处为地表下沉的拐点位置,最大倾斜值为 47.23 mm/m;最大曲率和水平移动值出现在距工作面的 $22\sim25$ m 之间,分别为 $-0.358\times10^{-3} \cdot \mathrm{m}^{-1}$ 和 22.79 mm/m,最大水平移动值出现在距工作面的 $32\sim35$ m 之间,为 3.108 m。

由两次观测结果可以看出:地表下沉值达到最大时,下沉盆地的一侧稳定,另一侧随着工作面的推进地表移动变形逐渐增大,最终下沉形态与之对称。

(4)各工作面最大下沉值

采用该方法测得其他 3 个工作面的地表移动变形值,其中各工作面最大下沉值及下沉系数如表 2.8 所示。

表 2.8 各工作面最大下沉值及下沉系数

工作面	采深/m	采高/m	深厚比	地表最大下沉量/m	下沉系数	备　　注
N1S1	460.8	12.6	36.6	9.59	0.76	移动基本稳定
N1S3	424.6	14.74	28.8	11.73	0.78	移动基本稳定
S2N1	660	11.54	57.2	4.84	0.41	移动基本稳定
N1S2	420	14.74	28.5	11.72	0.795	移动基本稳定

由表 2.8 可知,N1S1 等 4 个综放工作面的最大下沉值分别为 9.59 m、11.73 m、4.84 m 和 11.72 m,平均为 9.47 m;最大下沉系数分别为 0.76、0.78、0.41 和 0.795,综放开采的最大下沉系数为 0.795,最小为 0.41,平均为 0.69。同时可以看出:最大最小下沉系数相差高达 0.385,说明在同一井田范围内,不同位置的最大下沉系数变化是非常大的。这一变化主要是由工作面的地质因素、采动因素和时间因素的不同而引起的。

下沉系数作为地表移动变形预测重要的基础参数,如果将工程类比所得的下沉系数用于待采工作面的地表移动变形预测,结果偏差较大,对特殊条件下开采的决策将会造成重大失误,对矿井的安全生产和地面构筑物的安全运营都会构成威胁,以致产生灾难性的危害,因此下沉系数的精准确定对于特殊条件下开采起着至关重要的作用。

2.5　库坝土体内聚力及内摩擦角测定

坝下煤层开采过程中,坝体在地下煤层采动、库水压力和自重等多因素影响下,坝体结构将会出现变形,严重时将会破坏。大坝土体抗拉强度极低,拉伸和剪切是坝体变形破坏的主要形式。由于衡量抗剪强度的指标主要为内摩擦角和内聚力,因此需要对大坝土体的两个参数进行测试。测试结果将为坝体变形破坏的数值模拟、相似材料模拟和坝体维修方案设计等提供基础参数。

2.5.1　土样采集

坝体为均质黏土坝,坝体各个部位的土质基本相同。为了保证测试结果的客观性,分别在坝体不同位置进行取样,共计挖取 8 组试样,其中坝顶 3 组、中部 2 组、下部 3 组。取样地点如图 2.18 所示。

图 2.18　取样地点

取样前在不锈钢环刀(环刀圆环的横截面积 30 cm²,高度 20 cm)内沿涂抹少量凡士林,方便土样的取出。取样时,先将取样点周围的浮土清除,再将环刀扣入坝体内部,将环刀周围土体掏空;然后沿环刀底面用壁纸刀对土样进行切割,把环刀和土体样品整体取出。最后将土样置入样品盒中,并对其进行编号。试件样品如图 2.19 所示。

图 2.19　土样试件

为了防止土体水分挥发,影响测试结果,将采集完的土样放在保温箱内,并尽早运至实验室进行试验。运输过程中对保温箱进行了防震动处理。

2.5.2　试验测试

将取回的样品按照实验室密度测量要求进行称量,测得土样各个试件的密度如表 2.9 所示。

表 2.9　土样基础数据

试件编号	环刀+试件质量/g	环刀质量/g	土样质量/g	环刀体积/cm³	密度/(kg/m³)
1#	160.46	43.46	117	60	1.95
2#	166.72	46.12	120.6	60	2.01
3#	157.34	45.74	111.6	60	1.86
4#	159.16	44.56	114.6	60	1.91
5#	158.32	45.52	112.8	60	1.88
6#	162.18	45.78	116.4	60	1.94
7#	165.17	43.97	121.2	60	2.02
8#	166.66	44.86	121.8	60	2.03

利用南京土壤仪器厂有限公司生产的 ZLB-1 三联流变直剪测试仪测定坝体土体的抗剪强度[124,125],分别在 8 组试件上施加 50 kPa、100 kPa、150 kPa、200 kPa、250 kPa、300 kPa、350 kPa 和 400 kPa 的垂直压力,然后逐一施加水平剪切力,测得各试样破坏时的剪应力 τ,试验如图 2.20 所示。

图 2.20　土体剪切试验

具体操作步骤为:将盛有试件的环刀平口朝下,刀口向上,放入剪切盒内,取出环刀,顺次加上传压板和加压框架,按顺时针方向转动手轮,使盒上两端的钢珠恰好与量力环接触(测微表指针指向 0),顺次加上相应的砝码,缓慢转动手轮施加水平剪切应力,直至量力环中的测微表指针不再前进或后退,说明试件已经被剪破,此时的水平剪切应力即为该试件的抗剪强度。

按照上述的方法和步骤,对其他 7 组试样分别进行了测试,8 组测试的结果如表 2.10 所示。

表 2.10 各试样的垂直压力与抗剪强度

试件编号	垂直压力/kPa	抗剪强度/kPa
1#	50	40.27
2#	100	49.15
3#	150	58.04
4#	200	66.92
5#	250	75.81
6#	300	84.69
7#	350	93.58
8#	400	102.46

根据表 2.10 中各试件的垂直压力与抗剪强度的数据关系,绘制坝体内部土体剪切强度随垂直压力变化的散点图(图 2.21)。

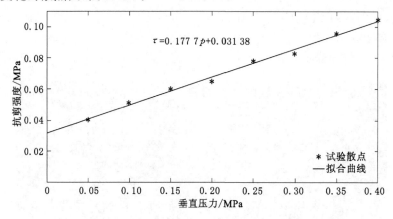

图 2.21 坝体内部土体抗剪强度的拟合曲线

按照摩尔-库仑准则,抗剪强度 τ 与内摩擦角 φ 和黏聚力 c 之间的关系:

$$\tau = p\tan\varphi + c \tag{2.9}$$

利用 MATLAB 软件将其拟合成一次函数曲线(图 2.21)。

$$\tau = 0.1777p + 0.03138 \tag{2.10}$$

由式(2.10)可知,大坝土体的内聚力为 31.38 kPa;经换算,内摩擦角为 10.13°。

2.6 本章小结

(1) 对大平矿 5 个综放工作面采用 GH45 型振弦式压力盒配合 GSJ-2A 型便携式多功能电脑监测仪的观测结果进行了整理分析,各工作面的最大垮落带高度分别为 75 m、85 m、88.65 m、86.82 m 和 67.1 m,平均为 80.51 m;冒采比分别为 5.95∶1、6.10∶1、6.01∶1、5.89∶1 和 5.81∶1,综放开采的冒采比最大为 6.10∶1,最小为 5.81∶1,平均为 5.95∶1。

(2) 对大平矿 7 个工作面利用 EH-4 电磁成像系统观测的结果进行了整理分析,各工作面的最大导高分别为 196 m、227.7 m、221.5 m、231.4 m、193.1 m、234.1 m 和 232 m,平均为 219.4 m;导采比分别为 19.03:1、19.97:1、17.58:1、16.61:1、16.58:1、15.88:1 和 15.74:1,综放开采的导采比最大为 19.97:1,最小为 15.74:1,平均 17.34:1。

(3)对大平矿 4 个工作面采用 TopconGPS 水准仪观测的结果进行了整理分析,各工作面开采引起的最大下沉值分别为 9.59 m、11.73 m、4.84 m 和 11.72 m,平均为 9.47 m;最大下沉系数分别为 0.76、0.78、0.41 和 0.795,综放开采的最大下沉系数为 0.795,最小为 0.41,平均为 0.69。

(4)对库坝土体现场取样、经实验室试验得到土体的内聚力为 31.38 kPa,内摩擦角为 10.13°。

3 库水下开采安全性分析

首采面部分煤体位于库水之下,属于水体下开采的范畴。坝下成功开采的前提是水体下开采安全,如果不能保证水体下开采安全,坝下开采无从谈起。由于首采面坝下区域的地质及水文条件较其他区域发生了一定程度的变化,例如附近水深加大、覆岩层厚度和结构变化等,因此有必要对这部分煤层的水体下开采安全性进行分析和论证。

3.1 导水裂缝带和垮落带高度计算模型的构建

导水裂缝带是指失去隔水性能的岩层范围,而其发育高度则是判定水体下安全开采的重要参数。待采工作面的导高只能通过预测得到,目前可以采用的预测方法主要有数值模拟、物理模型和理论建模(力学模型和统计模型)等。现行相关规定和标准没有为预测放顶煤导高提供成熟有效的计算方法,而众多相关研究成果的应用也局限于具体的地质采矿条件,难以在大平矿直接应用。采用数值模拟方法进行分析,计算模型较大、计算时间长且需要专业人员、人工和设备成本较高;采用物理模拟方法成本高、耗时长、各岩层组合及性质的量化难度大且精度低;而采用统计分析的方法建立预测模型,使用方便、成本低且不需要专业人员。

为此,根据大平矿综放工作面开采的导高和垮落带高度实测数据,运用正交试验法对不同影响因素组合下的工作面进行导高和垮落带高度的数值模拟分析,再利用 MATLAB 软件进行回归拟合,构建特厚煤层综放工作面导高和垮落带高度的预测模型,并对各影响因素的显著性进行分析。计算模型用于水下采煤安全分析和地表移动变形计算模型的修正。

3.1.1 导水裂缝带和垮落带高度的主要因素分析

为了构建导高和垮落带高度的预测模型,应首先确定出影响导高和垮落带高度的主要因素,然后分析各因素与垮落带高度和导高之间的关系。

(1)主要影响因素

影响导高和垮落带高度发育的主要因素总体上可分为三类,分别为地质因素、采动因素和时间因素[126],各类影响因素的构成如图 3.1 所示。

为了简化模型,在构建大平矿各工作面导高和垮落带高度预测模型时,忽略各工作面相同的影响因素,仅考虑不同的影响因素,能够降低统计分析中计算模型的误差。

大平井田内矿井地质构造简单,各工作面均属单斜构造;回采工艺都为综采放顶煤开采方式;采空区顶板管理均为自然垮落法;煤层平均倾角都为 7°左右;覆岩破坏的延续时间只影响最大导高和垮落带高度发育的时间长短,而不影响其大小。因此,建模时忽略以上因素,只考虑煤层的埋藏深度、覆岩岩性及结构组合特征、采高、工作面长度、工作面推进长度和推进速度等六个因素。

(2)各主要影响因素与导高和垮落带高度之间的关系

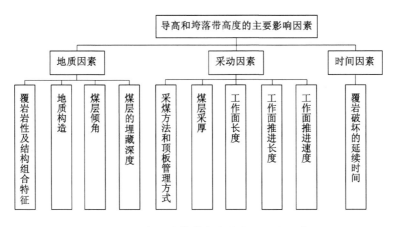

图 3.1 导高和垮落带高度的主要影响因素

下面具体分析以上六个因素与导高和垮落带高度之间的关系,为导高和垮落带高度计算模型的构建提供理论依据[127,128]。

① 覆岩岩性及结构组合特征(d)

覆岩岩性及结构组合特征是导高和垮落带高度的最主要影响因素,这里的覆岩岩性主要指的是岩体强度。采空区覆岩岩体随着强度的增大,发生破断、垮落的现象越剧烈,垮落岩体发育的高度越大,覆岩破坏的高度也越大,此时导高和垮落带高度与岩体强度的关系为正相关。当岩体强度达到一定程度时,顶板越加坚硬,发生破断的概率就越小,覆岩的破坏高度就越小,导高和垮落带高度也随之变小,此时导高和垮落带高度与岩体强度的关系为负相关。

而采空区上覆各岩层的强度一般差别较大(划分岩体强度的主要指标为岩体的普氏系数,坚硬岩体的普氏系数大于3,软弱岩体的普氏系数小于等于3),所有覆岩层全部为坚硬或者软弱岩层的情况极为罕见,而且不同强度的覆岩结构组合形式多样。岩体强度较大的坚硬岩层易断裂,产生裂缝;岩体强度较小的软弱岩层很难发生断裂,但容易发生弯曲下沉,能够将破断、垮落的岩体压实;坚硬岩层和软弱岩层搭配的组合结构,各岩层厚度搭配较好时,能够具有较好的防水性和抗裂性。由此可以看出:采空区上覆岩层的厚度不同、强度组合不同,其破坏产生的导高也是不同的,但其引起导高和垮落带高度逐渐增大的组合类型是基本统一的(软弱-软弱、坚硬-软弱、软弱-坚硬、坚硬-坚硬)。

用覆岩岩性及结构组合特征作为地质因素考察其对导高和垮落带高度的影响难以量化为具体数值,只有某种属性的描述,没有量的概念。为了提高预测覆岩破坏发育高度的精度和便于对研究区域数据采集、计算、分析量化,将研究区域的岩性组合进行指标量化,形成由不同岩性组合方式的岩性指标量化数据库,如表 3.1 所示。

表 3.1 不同岩性组合方式的岩性指标量化

岩性组合	坚硬-坚硬	软弱-坚硬	坚硬-软弱	软弱-软弱
量化数值(d)	4	3	2	1

② 煤层的埋藏深度(s)

煤层的埋藏深度也是导高和垮落带高度的主要影响因素之一。随着采深的增加,煤层周围的地应力增大,采空区顶板岩层水平方向载荷和垂直方向载荷越大,覆岩破坏的高度越大,此时的埋藏深度与导高和垮落带高度的关系为正相关。当煤层的埋藏深度达到一定程度时,由于水平方向应力增大,有利于采空区上覆顶板岩层的裂隙闭合,导高和垮落带高度不会随着煤层埋藏深度的继续增大而发生变化,此时两者之间呈现非线性关系。

③ 采高(M)

采高是导高和垮落带高度的最主要影响因素之一。采高越大,顶板覆岩在重力作用下垮落沉降的空间越大,覆岩破坏的厚度也越大。因此,采高与导高和垮落带高度的关系为正相关。

④ 工作面长度(l)

工作面长度是导高和垮落带高度的影响因素之一。工作面在沿中间支架排列方向上,覆岩的自由下沉空间高度大于其破断时的扰度时,工作面长度越大,顶板覆岩在重力作用下垮落的次数就越多(沿倾斜方向上工作面长度等于多个垮落步距),覆岩破坏的整体厚度也越大,此时工作面长度与导高和垮落带高度的关系为正相关;但当工作面长度增大到一定程度时,工作面沿中间支架排列方向上覆岩的自由下沉空间高度小于其破断时的扰度时,覆岩破坏的高度不再增加,导高和垮落带高度不会随着工作面长度的继续增大而发生变化,此时两者之间呈非线性关系。

⑤ 工作面推进长度(L)

工作面推进长度是导高和垮落带高度的影响因素之一。工作面在沿推进方向上覆岩的自由下沉空间高度大于其破断时的扰度时,推进长度越大,顶板覆岩破坏的高度就越大(沿推进方向上工作面长度等于多个垮落步距),覆岩破坏的整体厚度也越大,此时工作面推进长度与导高和垮落带高度的关系为正相关;但当工作面推进长度增大值达到一定程度时,覆岩的自由下沉空间高度小于其破断时的扰度时,覆岩破坏的高度不再增加,导高和垮落带高度不会随着工作面推进长度的继续增大而发生变化,此时两者之间呈非线性关系。

⑥ 工作面推进速度(v)

工作面推进速度是导高和垮落带高度的影响因素之一。工作面推进速度越快,顶板覆岩受采动的影响越大,出现破断、垮落和滑移的时间越短,破断、垮落程度就越剧烈,覆岩破坏的速度越快,高度越大,此时的推进速度与导高和垮落带高度之间呈正相关;但当推进速度达到一定程度时,导高和垮落带高度不会随着推进速度的继续增大而发生变化,这时两者之间呈现非线性关系。

3.1.2　基于正交试验法的模拟方案选择

由于实际观测的样板数据空间过少,垮落带高度和导高实测数据分别只有 5 个和 7 个,利用这些数据进行回归拟合,难以构建一个满足精度需要的计算模型。因此,采用数值模拟的方法扩大样板数据空间。

由导高和垮落带高度的主要影响因素取值范围可知(见 3.1.1 节),基于大平矿的地质采矿条件,如直接对其排列组合,借助数值模拟软件模拟不同影响因素组合下的工作面导高,至少要进行 729 组试验,逐个方案进行计算耗时大致需要 2 年多的时间。而使用正交试验设计方法进行小样本空间处理大样本计算模型问题,能够大大降低试验次数,提高研究效率,快速得出导高和垮落带高度的数值模拟结果[129,130],通过方差分析、线性回归等方法分析各因素对覆岩发育高度的显著性和函数关系,构建不同影响因素组合成的综放工作面开采后导高和垮落带高度的计算模型。

(1)正交试验原理

正交试验设计是在多因素影响下的试验指标分析中,在综合考虑各主要影响因素的前提下,根据建立正交设计的必要条件,筛选出少部分的组合方案,通过这些组合的试验,获得所有组合的试验效果。

建立正交试验所需具备的必要条件是:同一列的每个因素在正交试验表中出现的频数必须相等,任意两列的不同影响因素在正交试验中组合的频数必须相等。

正交试验结果分析中常采用极差方法分析各影响因素的显著性关系,但极差法不能将不同因素组合下得到的试验指标波动值与试验本身所产生的误差区别开来,更不能给出各因素对试验指标影响程度的精准定量估算,为了弥补这些不足,在极差方法分析的基础上,采用方差方法再进行分析和检验。

① 极差分析法

各因素对试验指标的影响程度需要运用极差分析方法判断其对试验结果的主次关系。将正交试验表中各水平自上而下的编号用 1 至 i 表示,各因素从左到右的编号用 1 至 j 表示。各因素的极差值 R_j 是由 j 列上 i 个水平进行组合试验,得到结果中的极大值与极小值之间的差值,即

$$\begin{cases} R_j = \max\{k_{ij}\} - \min\{k_{ij}\} \\ k_{ij} = K_{ij}/a \end{cases} \tag{3.1}$$

式中　R_j——各因素的极差值;

　　k_{ij}——j 列对应的 i 水平因素所有组合下的试验结果均值;

　　K_{ij}——j 列 i 水平影响因素横纵相交得到的所有组合试验指标总和;

　　a——试验的水平数。

② 方差分析法

方差分析是利用各个影响因素出现差异的大小占据各因素总差异的分量来判别各因素对试验结果的显著性关系,其中各因素的差异用偏差平方和表示。

假设每列的影响因素为 m 个,共计有 r 组水平,单组水平需要进行 a 次组合试验,则总计需要进行 n 次试验,$n=ar$。

各因素偏差平方和的总和为总偏差平方和。利用单个因素 A 作为示例,计算 A 因素下的偏差平方和,总偏差平方和即 j 个因素偏差平方和的总和。

用 S^2 表示单个因素 A 的偏差平方和,y_{ij} 为试验指标,$\bar{y}$ 为样本均值,则可得:

$$\begin{cases} \bar{y} = \dfrac{1}{a} \sum\limits_{i=1}^{r} \sum\limits_{j=1}^{a} y_{ij} \quad (i=1,2,\cdots,n) \\ S^2 = \dfrac{1}{a} \sum\limits_{i=1}^{r} \sum\limits_{j=1}^{a} (y_{ij} - \bar{y})^2 \end{cases} \tag{3.2}$$

式中　$\bar{y}$——样本均值;

　　y_{ij}——试验指标;

　　S^2——单个因素 A 的偏差平方和。

总偏差平方和 S_T:

$$S_{\text{T}} = nS^2 \tag{3.3}$$

试验总自由度 $f_{\text{总}}$：

$$f_{\text{总}} = n - 1 \tag{3.4}$$

各因素自由度 $f_{\text{因}}$：

$$f_{\text{因}} = r - 1 \tag{3.5}$$

计算平均偏差平方和 MS：

$$\begin{cases} MS_{\text{因}} = \dfrac{S^2}{f_{\text{因}}} \\ MS_{\text{误差}} = \dfrac{S_{\text{T}}}{f_{\text{总}}} \end{cases} \tag{3.6}$$

用 F 表示单个影响因素对试验指标的影响程度，即

$$F = \dfrac{MS_{\text{因}}}{MS_{\text{误差}}} \tag{3.7}$$

根据检验水平 a，通过查询数理统计表，得出 $F_a(f_{\text{因}}, f_{\text{总}})$ 的大小，对比分析各因素对试验指标的显著性程度。

（2）方案设计

正交试验设计主要为解决多因素多水平组合下的试验方案，试验次数过多、试验时间过长、试验成本过大等难题，利用小样本空间解决大样本数据的科学简化设计方法，它能够从组合成的全部方案中选取具有代表性的方案进行试验，达到进行全部试验的预期效果。其设计流程如下：

① 确定试验指标

垮落带高度和导高。

② 确定因子和水平

将影响覆岩破坏发育高度的 6 个影响因素作为试验因子进行考察，而对于影响因素为 6 的正交表，水平数只能设置为 3 或者 5，3 水平的试验次数按正交试验表要求需做 18 次试验，5 水平则需要做 25 次试验，为减小试验次数，在保障计算要求的前提下，各因子分别选取 3 个水平（N1S1、S2S2 和 S2N1 三个工作面）进行正交试验排列组合。各因子水平如表 3.2 所示。

表 3.2　试验的因子和水平

水平	因子					
	岩性	埋深/m	采高/m	工作面长度/m	推进长度/m	推进速度/(m/d)
1	3	460.8	12.60	227	1 242	2.62
2	1	551.2	13.93	227	1 022	2.62
3	1	660.0	11.54	257	1 324	2.70

③ 选用正交表

正交表是进行正交试验时设置试验次数、排列试验方案和分析试验成果的根源所在，是基于数理统计基础上，根据试验因子数和水平数建立的标准化表格。

根据覆岩破坏发育高度试验中的试验因子为 6，水平数为 3，选取正交试验表中的

$L_{18}(2^1 \times 3^7)$作为各因子、水平排列顺序的依据,即试验总次数为 18 次,各水平中每个因子的使用次数为 3 次,各因子位于正交试验表中的第 2 至 7 列进行排列组合。正交表如表 3.3 所示。

表 3.3　正交试验表

序号	因素 1	因素 2	因素 3	因素 4	因素 5	因素 6
试验 1	1	1	1	1	1	1
试验 2	1	2	2	2	2	2
试验 3	1	3	3	3	3	3
试验 4	2	1	1	2	2	3
试验 5	2	2	2	3	3	1
试验 6	2	3	3	1	1	2
试验 7	3	1	2	1	3	2
试验 8	3	2	3	2	1	3
试验 9	3	3	1	3	2	1
试验 10	1	1	3	3	2	2
试验 11	1	2	1	1	3	3
试验 12	1	3	2	2	1	1
试验 13	2	1	2	3	1	3
试验 14	2	2	3	1	2	1
试验 15	2	3	1	2	3	2
试验 16	3	1	3	2	3	1
试验 17	3	2	1	3	1	2
试验 18	3	3	2	1	2	3

表 3.3 中的试验序号代表正交试验设计方案编号,影响因子的每一列中 1、2、3 代表 3 个水平下的影响因素(如表 3.2 中 1 水平所在行中的各影响因子均用 1 代表,2 水平所在行中的各影响因子均用 2 代表,3 水平所在行中的各影响因子均用 3 代表)。代入各影响因子数值的正交试验方案表如表 3.4 所示。

表 3.4　各因素量化的正交试验方案表

设计方案	岩性	埋深/m	采高/m	工作面长度/m	推进长度/m	推进速度/(m/d)
1	3	460.8	12.60	227	1 242	2.62
2	3	551.2	13.93	227	1 022	2.62
3	3	660.0	11.54	257	1 324	2.70
4	1	460.8	12.60	227	1 022	2.70
5	1	551.2	13.93	257	1 324	2.62
6	1	660.0	11.54	227	1 242	2.62
7	1	460.8	13.93	227	1 324	2.62

表 3.4(续)

设计方案	岩性	埋深/m	采高/m	工作面长度/m	推进长度/m	推进速度/(m/d)
8	1	551.2	11.54	227	1 242	2.70
9	1	660.0	12.60	257	1 022	2.62
10	3	460.8	11.54	257	1 022	2.62
11	3	551.2	12.60	227	1 324	2.70
12	3	660.0	13.93	227	1 242	2.62
13	1	460.8	13.93	257	1 242	2.70
14	1	551.2	11.54	227	1 022	2.62
15	1	660.0	12.60	227	1 324	2.62
16	1	460.8	11.54	227	1 324	2.62
17	1	551.2	12.60	257	1 242	2.62
18	1	660.0	13.93	227	1 022	2.70

3.1.3　各方案的导水裂缝带和垮落带发育高度的数值模拟分析

利用数值软件模拟计算导高的方法种类很多[131,132]，例如基于离散元法的 3DEC 和 PFC，基于边界元法的 DEFORM 和 rocscience_Examine3D，基于有限元法的 FLAC3D、COMSOL 和 ANSYS 等，虽然都可以用于岩层及地质构造变形破坏的模拟分析，但针对不同的研究目的和内容都有各自的优势可言。

3DEC 软件不仅能够模拟动压或者静压影响下非连续介质的变化形态，更能够突出显示非连续性介质的破坏过程和破坏趋势，对于煤层开采后覆岩破断、垮落和滑移现象的模拟最为形象，因此，选用 3DEC 数值模拟软件模拟不同影响因素组合成的综放工作面开采后覆岩变形破坏发育高度。

（1）3DEC 数值模拟软件

3DEC 继承了 UDEC 程序的计算分析理念[133,134]，将离散模型显式单元法扩展成三维计算机数值模拟程序。以模拟采动影响下伏岩变形破坏为例，不同属性的岩体受采动影响通过结构面能够实现相互作用，当岩体达到极限强度时，岩块就会呈现相互剪切移动变形，甚至出现离层、破断、滑移和垮落等破坏过程及现象，较为直观地展现煤层开采后覆岩变形破坏的发育过程和规律，而且岩层发生拉伸破坏、剪切破坏或者破断都可以通过塑性区的颜色进行判别，岩体间的相互作用力变化也能够对其发生的变形破坏进行补充解释，判别覆岩的变形破坏范围。其中，垮落带高度可通过采空区上覆岩层的滑动、移位和翻转进行高度判别；导高可通过上覆岩层受到拉伸、剪切破坏的颜色变化进行高度判别。

（2）模型的建立及模拟方案

① 模型的建立

模型建立的地层条件是以井田内综合柱状图中各岩层层位关系进行设定的，根据表 3.4 中岩性的量化值选择软弱-坚硬和软弱-软弱两种岩性特征进行岩层层位高度、岩性的设定（其中顶板岩性为软弱-坚硬时，油页岩段的岩层厚度为 21 m，油页岩厚度为 11 m，上覆夹杂着粉砂岩厚度约 10 m；顶板岩性为软弱-软弱时，油页岩段的岩层厚度为 15.3 m，油页岩厚度为 15 m,上覆夹杂的粉砂岩厚度为 0.3 m)。

由于 3DEC 软件自身存在着网格数量的限制,为了加快数值模拟的计算速度,减少模型网格的数量,增大模型网格的精度,在模型建立时依据采高估算模型开采后的可能导高,设置模型在 Z 方向的高度(采高为 11.54 m、12.6 m 和 13.93 m 时需要建立模型高度分别为 260 m、280 m 和 300 m)。依据工作面长度设置模型在 X 方向上的长度(工作面长度为 227 m 和 257 m 时,设置模型长度为 280 m 和 310 m),工作面两侧预留隔离煤柱 30 m,用于消除边界影响。

由 2.3 节中地面物探导高的经验可知:在工作面推过 120 m 左右时导高达到最大值,因此在此设置工作面推进长度为 210 m,在工作面推进方向的两端各留 30 m 的煤柱,Y 方向上设置模型的长度为 270 m。

由于垮落带高度和导高可能出现的高度范围分别为 65 m 至 95 m 和 180 m 至 240 m,为了便于较为准确地观测垮落带和导水裂缝带上部边界,将这两个范围的岩层划分为边长 2 m 的正四面体网格,而其他部分划分为边长 8 m 的正四面体网格。

根据井田内煤层综合柱状图可知,在拟建模型范围内包括 16 个煤岩层,各岩层物理力学参数如表 3.5 所示。

表 3.5　岩石力学基础参数

序号	岩性	抗拉强度 /MPa	弹性模量 /GPa	密度 /(kg/m³)	泊松比	内摩擦角 /(°)	内聚力 /MPa
1	土	0.001 05	0.015	1.93	0.35	10.13	0.031 3
2	砂岩	0.23	1.70	2.23	0.30	45	1.19
3	砂岩	0.82	0.80	2.22	0.28	46	0.85
4	砂岩	0.34	1.70	2.23	0.30	45	0.36
5	砂岩	0.23	0.80	2.46	0.28	41	1.28
6	砂岩	0.23	1.70	2.23	0.33	38	0.79
7	砂岩	1.02	0.80	2.52	0.23	40	1.34
8	砂泥岩	1.02	1.70	2.25	0.25	39	1.76
9	砂泥岩	1.02	1.80	2.46	0.34	41	1.28
10	砂泥岩	1.02	1.80	2.44	0.33	38	1.65
11	泥岩	0.29	1.50	2.29	0.34	37	1.58
12	泥岩	0.29	1.50	2.47	0.27	38	0.39
13	粉砂岩	0.53	2.5	2.62	0.34	45	1.18
14	油页岩	0.32	2.10	2.16	0.33	41.8	0.23
15	煤	0.22	1.10	1.30	0.29	39.8	0.20
16	砾岩	0.68	2.80	2.39	0.26	39.8	0.67
17	砂岩	0.57	3.19	2.48	0.33	42.4	0.76

② 模拟方案

根据正交试验表中各因素组合下的工作面,按照上述的模型设计要求,分别建立了相应的数值模拟模型。依据金尼克理论,在模型上边界施加未进入模型岩层的自重,水下开采部分另加 3.41 m 深的库水自重。一般水平应力为垂直应力的 1.2～1.5 倍,鉴于大平矿的地质构造简单,故选择 1.3 倍的垂直应力作为水平应力施加在模型的四周边界上。各方案模型的尺寸及加载条件如表 3.6 所示。

表 3.6　各方案模型的尺寸及加载条件

设计方案	模型尺寸			施加载荷/MPa		
	长/m	宽/m	高/m	X 方向	Y 方向	Z 方向
1	270	280	280	5.23	5.23	4.02
2	270	280	300	7.51	7.51	5.78
3	270	310	260	12.35	12.35	9.50
4	270	280	280	5.23	5.23	4.02
5	270	310	300	7.51	7.51	5.78
6	270	280	260	12.35	12.35	9.50
7	270	280	300	4.58	4.58	3.52
8	270	280	260	8.81	8.81	6.78
9	270	310	280	11.70	11.70	9.00
10	270	310	260	5.88	5.88	4.52
11	270	280	280	8.16	8.16	6.28
12	270	280	300	11.05	11.05	8.50
13	270	310	300	4.58	4.58	3.52
14	270	280	260	8.81	8.81	6.78
15	270	280	280	11.70	11.70	9.00
16	270	280	260	5.88	5.88	4.52
17	270	310	280	8.16	8.16	6.28
18	270	280	300	11.05	11.05	8.50

工作面推进速度依据模型开挖的计算步数进行设定(一次开挖步距的计算步数乘以推进速度再除以开挖步距)。为了节省模拟开挖的计算时间,设置每次的开挖步距为 10 m,观察模型的塑性变形破坏和应力变化情况。

(3) 各模拟方案结果分析

选择方案 1 作为例子,介绍采空区覆岩垮落带高度和导高发育过程的分析方法和步骤,由表 3.5 和表 3.6 中的相关数据构建的方案 1 的数值模型如图 3.2 所示。

图 3.2　模型的建立

① 推进方向上覆岩塑性区的变化分析

为消除初次来压对分析结果的影响,选取距切眼 80 m 处的剖面为覆岩破坏过程的观测对象,按照物探测点的布置,分别对工作面推进至 90 m、120 m、150 m、180 m、200 m 和 210 m 时观测剖面覆岩的塑性变形破坏过程,分析工作面开采时覆岩变形破坏发育高度,如图 3.3 所示。

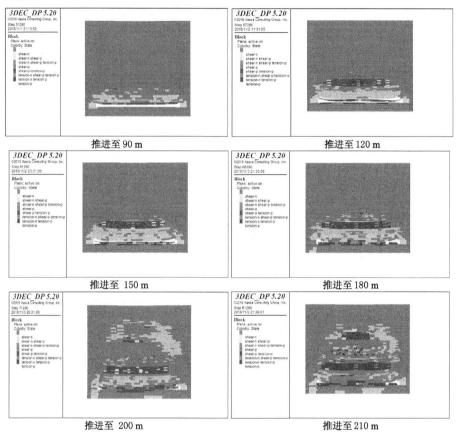

图 3.3　不同推进距离下 80 m 处剖面的覆岩塑性破坏云图

由图 3.3 可知,在工作面推进至 90 m 时,观测剖面的采空区顶板受自身重力载荷作用,开始出现离层、弯曲下沉,顶板上覆岩层出现一定程度的拉伸破坏和剪切破坏,主要为拉伸破坏,覆岩破坏高度即为导高。当工作面由 90 m 推进至 180 m 的过程中,观测剖面的采空区顶板由弯曲状态开始转向破断、垮落,直至将采空区充满,此时覆岩的塑性破坏高度继续增加,导高在增大,垮落岩体高度也在增大。当工作面由 180 m 推进 200 m 的过程中,观测剖面处顶板覆岩的塑性破坏高度继续增大,垮落岩体逐渐被压实。

当工作面继续推进至 210 m 的过程中,由于垮落的岩体已将采空区充满,随着垮落的岩体被压实,上覆岩层破断、垮落的自由空间减小,上覆岩层不再继续垮落,此时垮落带高度达到最大值。上覆岩层的塑性破坏高度也不再发生变化,说明此时导高也达到最大。

由图 3.4 可知,工作面推进至 210 m 时,观测剖面煤层上覆垮落的岩体已将采空区基本充满,与工作面推进至 200 m 处时的覆岩破坏情况基本相同,说明此时的覆岩破坏程度已

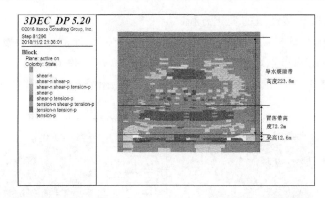

图 3.4　工作面推进至 210 m 处时观测剖面的覆岩破坏规律

达最大,由覆岩的拉伸和剪切破坏情况以及破坏高度(块体滑移、垮落和颜色变化)可知:煤层开采后覆岩最大垮落带高度为 72.2 m,最大导高为 223.8 m。

②　推进方向上覆岩应力变化分析

工作面推进过程中覆岩的应力变化特征也能够说明覆岩变形破坏发育特征。选取距切眼 80 m 处的剖面为覆岩应力变化过程的观测对象,按照物探测点的布置(与图 3.3 对应),分析工作面开采后的覆岩变形破坏特征,如图 3.5 所示。

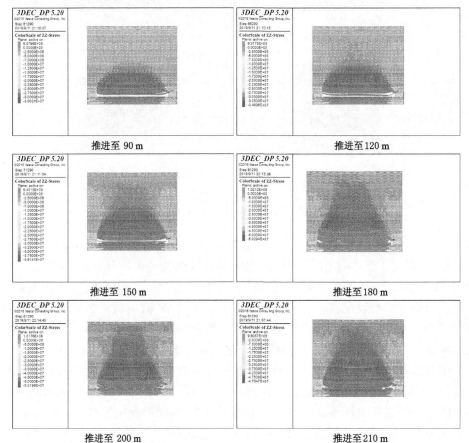

图 3.5　不同推进距离下 80 m 处观测剖面覆岩的应力变化云图

由图 3.5 可知,当工作面推进 90 m 时(距观测位置 10 m),观测剖面处采空区覆岩应力值急剧降低,受采动影响,向下弯曲、卸压。

当工作面由 90 m 推进至 180 m 的过程中,观测剖面处采空区覆岩应力降低区由下至上扩展,整体范围不断扩大,各岩层的应力降低范围由下至上逐渐减小,呈现"上小下大"的形态。说明覆岩弯曲到一定程度时(达到岩体极限强度时),开始出现破断、滑移、垮落等现象,各岩层垮落区域由下往上逐渐减小,覆岩破坏的高度整体上呈现增大的变形形态。

当工作面由 180 m 推进 200 m 的过程中,观测剖面顶部应力降低区岩层的应力值出现缓慢增大的变化,说明下伏垮落岩体逐渐被压实,顶部岩层受上覆岩层和下伏压实段岩层的挤压作用,出现应力集中。

当工作面推进至 210 m 的过程中,由于观测剖面顶部应力降低区岩层的应力值继续增大,达到一定值(等于原岩应力)时不再增加,应力降低区出现的裂隙逐渐被挤压、耦合,此时工作面的导高不再变化,最大高度为岩层应力集中区域,范围为 220 m 至 230 m 之间。

工作面推进至 210 m 时,由图 3.6 中观测剖面垂直方向上各煤岩层的应力值(剖面中心位置的垂线上)可以看出:距煤层底板 70 m 左右的岩层应力值为 0,再向上应力逐渐升高,直至距煤体底板 230 m 以上的岩层的应力值才超过原岩应力值。说明垮落岩体充满采空区,上覆岩层受挤压裂隙得到耦合。此时垮落岩体的最大高度在 70 m 左右,最大导高在 220 m 至 230 m 之间(再次验证上述应力分析结果)。随着工作面继续向前推进,观测剖面垮落带上方一定高度范围内的岩层将经历一个应力增高、压实和裂隙闭合的过程。

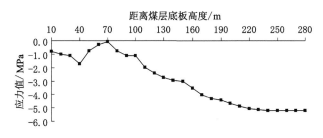

图 3.6　工作面推进 210 m 时 80 m 处(工作面中线位置)的剖面垂直应力图

③ 铅垂方向上的应力变化

工作面受采动影响覆岩破坏发育高度的大小,可以通过观测不同高度切面的应力值大小直观地辨别出来。选择距煤层底板 70 m、90 m、110 m、130 m、150 m、190 m、210 m 和 230 m 的 8 个切面位置来分析覆岩破坏发育高度及特征(推至 210 m 时)。如图 3.7 所示。

从图 3.7 中可以看出,在高度 70 m 切面上,中部椭圆形的范围内出现裂隙,且应力值为 0,上覆岩层中部椭圆形位置出现裂隙,围岩应力值为 0,说明此处的围岩处于临界松散、自由垮落状态,覆岩处于垮落状态。

由 90 m 至 210 m 的应力切面图可以看出:随着高度的增加,应力由 70 m 处的 0 向上逐渐增大,但仍低于原始应力值,且应力降低范围逐渐变小。说明此范围内的岩体没有出现垮落、离层现象,只是岩体内部的应力值小于原岩应力,处于应力卸压状态,但卸压范围越来越

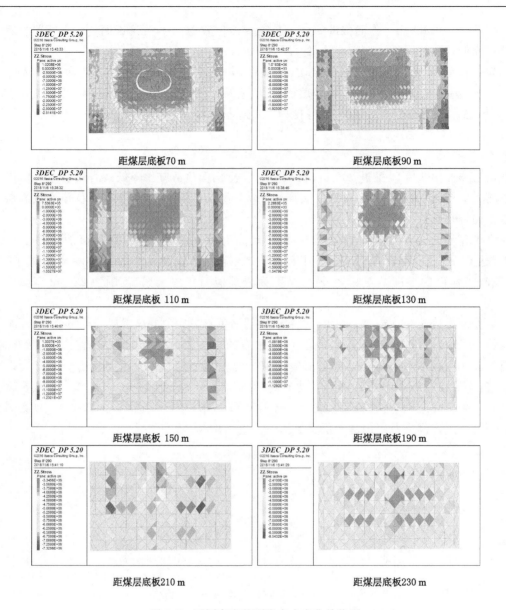

图 3.7　不同高度的覆岩应力变化趋势图

小,间接说明此范围内的岩体存在着裂隙,且与下部的采空区导通。

在切面高度 230 m 位置时,覆岩的应力状态基本上处于原岩应力状态,说明此范围内的岩体处于稳定状态。

从以上观测分析结果可以看出:煤层上覆岩体垮落形成的垮落带和导水裂缝带均呈现椭球形,随着覆岩高度的增加,导水裂缝带的范围呈现逐渐减小的趋势。垮落带高度在 70～90 m 之间,导高在 210～230 m 之间,与塑性变形破坏和应力云图分析得到垮落带高度、导高的范围基本相同,验证了上述垮落带高度和导高的模拟分析成果的准确性。

按照上述分析过程,模拟得到的 18 组不同因素组合下的综放工作面导高和垮落带高度如表 3.7 所示。

表 3.7 不同方案下的导高和垮落带高度

模型号	影响因素						试验结果	
	岩性	埋深/m	采高/m	工作面长度/m	推进长度/m	推进速度/(m/d)	垮落带高度/m	导高/m
1	3	460.8	12.60	227	1 242	2.62	72.20	223.8
2	3	551.2	13.93	227	1 022	2.62	80.33	231.6
3	3	660.0	11.54	257	1 324	2.70	62.10	217.9
4	1	460.8	12.60	227	1 022	2.70	80.30	225.7
5	1	551.2	13.93	257	1 324	2.62	78.33	245.0
6	1	660.0	11.54	227	1 242	2.62	70.80	202.6
7	1	460.8	13.93	227	1 324	2.62	92.43	238.5
8	1	551.2	11.54	227	1 242	2.70	78.20	223.7
9	1	660.0	12.60	257	1 022	2.62	64.50	215.0
10	3	460.8	11.54	257	1 022	2.62	78.30	207.4
11	3	551.2	12.60	227	1 324	2.70	80.00	214.5
12	3	660.0	13.93	227	1 242	2.62	78.83	221.6
13	1	460.8	13.93	257	1 242	2.70	79.43	242.3
14	1	551.2	11.54	227	1 022	2.62	69.00	201.2
15	1	660.0	12.60	227	1 324	2.62	73.40	206.3
16	1	460.8	11.54	227	1 324	2.62	64.80	225.2
17	1	551.2	12.60	257	1 242	2.62	67.40	198.5
18	1	660.0	13.93	227	1 022	2.70	81.33	231.9

3.1.4 导水裂缝带和垮落带高度统计回归模型的建立

根据 18 组不同因素组合下的工作面导高和垮落带高度的计算结果,利用极差、方差方法分析各因素对导高和垮落带高度的主次关系和精准度,并采用 MATLAB 软件的多元非线性回归分析方法,构建该井田范围内导高和垮落带高度的计算模型。

(1) 试验结果的验证分析

① 极差分析

将表3.7中不同因素组合下的综放工作面垮落带高度和导高计算结果,分别代入3.1.2节中式(3.1)所示的极差分析计算方法,求得不同影响因素下垮落带高度和导高的极差值(表3.8)。

表 3.8 垮落带高度和导高的极差

模型号		影响因素					
		岩性	埋深/m	采高/m	工作面长度/m	推进长度/m	推进速度/(m/d)
垮落带高度	k_{1j}	451.76	467.46	437.80	465.76	446.86	427.66
	k_{2j}	451.26	453.26	490.68	455.86	453.76	462.66
	k_{3j}	448.66	430.96	423.20	430.06	451.06	461.36
	极差	3.10	36.50	67.48	35.70	6.90	35.00

表 3.8(续)

模型号		影响因素					
		岩性	埋深/m	采高/m	工作面长度/m	推进长度/m	推进速度/(m/d)
导高	k_{1j}	1 316.8	1 362.9	1 283.8	1 312.5	1 312.5	1 331.8
	k_{2j}	1 323.1	1 314.5	1 410.9	1 334.1	1 312.8	1 284.9
	k_{3j}	1 332.8	1 295.3	1 278	1 326.1	1 347.4	1 356
	极差	16	67.6	132.9	21.6	34.9	71.1

从表 3.8 计算结果中极差值的大小顺序可知:各影响因素对垮落带高度的影响主次关系为采高＞埋深＞工作面长度＞推进速度＞推进长度＞岩性及结构组合。

各影响因素对导高的影响主次关系为采高＞推进速度＞埋深＞推进长度＞工作面长度＞岩性及结构组合。

采高、埋深对垮落带高度和导高起到主导地位,推进速度、推进长度和工作面长度占次要位置。由于大平井田内的岩性及组合结构基本相同(油页岩段),该段位于煤层上覆 15～21 m 左右,均处在垮落岩体中,不同因素组合下其值的变化对垮落带高度和导高的影响程度最小。

② 方差分析

将表 3.7 中的不同因素组合下的综放工作面的垮落带高度和导高计算结果分别代入式(3.2)至式(3.7),计算出各影响因素下的总偏差平方和、自由度、均方和以及 F 值,结合数理统计表中 F 值,验证极差分析中的各因素显著性程度,以及各因素对垮落带高度和导高的试验精度。

a. 垮落带高度方差分析

根据表 3.8 中垮落带高度的极差计算结果,运用方差分析法计算得出影响垮落带高度的各因素显著性,如表 3.9 所示。

表 3.9　垮落带高度方差分析表

因素	偏差平方和 S	自由度 f	均方和	F_j	F	显著性
岩性及结构组合	0.92	2	0.46	0.011	3.78	
埋深	112.84	2	56.42	1.33	3.78	
采高	420.17	2	210.08	4.96	3.78	▲▲
推进长度	113.23	2	56.62	1.34	3.78	
工作面长度	4.03	2	2.02	0.048	3.78	
推进速度	131.24	2	65.62	1.55	3.78	
误差项	211.79	5	42.36			

从表 3.9 中 F_j 与 F 对比得到:六个因素对垮落带高度的影响显著性为采高＞推进速度＞推进长度＞埋深＞工作面长度＞岩性及结构组合,验证极差分析中各因素对垮落带高度的影响顺序。从 F_j 值与数理统计表查出 $F_{0.05}$ 值对比可以看出:采高的 F 值最大,其误差项最小,说明采高对垮落带高度影响的试验精度最大,影响最为显著,岩性及结构组合 F 值

最小,其误差项最大,对垮落带高度的显著性最小。

b. 导高方差分析

根据表 3.8 中导高的极差计算结果,运用方差分析法计算得出影响导高的各因素的显著性,如表 3.10 所示。

表 3.10　导高方差分析表

因素	偏差平方和 S	自由度 f	均方和	F_j	F	显著性
岩性及结构组合	21.65	2	10.83	0.13	3.78	
埋深	404.50	2	202.25	2.35	3.78	
采高	1 880.58	2	940.29	10.93	3.78	▲▲
推进长度	39.75	2	19.88	0.23	3.78	
工作面长度	134.18	2	67.09	0.78	3.78	
推进速度	435.58	2	217.79	2.53	3.78	
误差项	430.28	5	86.06			

从表 3.10 中 F_j 与 F 对比得到:各因素对导高的影响主次因素为采高>推进速度>埋深>工作面长度>推进长度>岩性及结构组合,验证极差分析中各因素对导高影响顺序。

从 F_j 值与数理统计表查出 $F_{0.05}$ 值对比可以看出,采高的 F 值最大,其误差项最小,说明采高对导高影响的试验精度最大,影响最为显著,岩性及结构组合 F 值最小,其误差项最大,对导高的显著性最小。

(2) 垮落带高度和导高计算模型的建立

采用极差、方差方法分析各因素对导高和垮落带高度的影响程度,只是从定性方面进行的研究,如果进行定量方面的研究,就需要借助于统计回归分析方法,而 MATLAB 是统计回归分析方法中计算最为简便、运算方法最为全面以及运算结果的数据图形可视化最为简单的一种数值计算软件,因此,采用 MATLAB 软件进行统计回归分析各因素对导高和垮落带高度的定量研究,构建各因素影响下导高和垮落带高度的计算模型。

① 垮落带高度的统计回归分析

将表 3.7 中垮落带高度试验数据和表 2.5 中垮落带高度实测值代入 MATLAB 软件进行拟合分析[132,133,134],得到垮落带高度的多元非线性回归方程,即

$$H_m = 4.21 + \frac{4.21}{1 - 1.6 \times 10^{-4} e^{1 \times 10^{-10} - 2.8 \times 10^{-7} d}} + \frac{4.21}{1 - 2.4 \times 10^{-5} e^{2.5 \times 10^{-10} - 8.9 \times 10^{-6} s}} + 3.98M +$$

$$\frac{4.21}{1 - 2.1 \times 10^{-4} e^{1 \times 10^{-10} - 4 \times 10^{-6} l}} + \frac{4.21}{1 - 4.7 \times 10^{-5} e^{4.4 \times 10^{-11} - 7.6 \times 10^{-5} L}} +$$

$$\frac{4.21}{1 - 1.4 \times 10^{-4} e^{1.5 \times 10^{-10} - 1.2 \times 10^{-7} v}} \tag{3.8}$$

式中　d——岩性比例系数;

　　　s——采深,m;

　　　M——采高,m;

　　　l——工作面长度,m;

L——推进长度，m；

v——推进速度，m/d。

把实测垮落带高度工作面的参数代入式(3.8)中，得出工作面垮落带高度的计算值，并与实测结果进行对比分析，误差如表3.11所示。

表 3.11　垮落带高度与实测值之间的误差比较

工作面	基础参数						实测数据/m	公式计算/m	相对误差
	岩性	埋深/m	采高/m	工作面长度/m	推进长度/m	推进速度/(m/d)			
N1S1	3	460.8	12.6	227	1 242	2.62	75.00	75.46	0.61%
S2S2	1	551.2	13.93	227	1 022	2.62	85.00	80.75	4.99%
S2N1	1	660.0	11.54	257	1 324	2.70	67.10	71.23	6.15%
N1S2	3	430.0	14.74	227	1 392	2.39	88.74	83.98	5.36%
N1S3	3	424.6	14.74	268	2 312	2.25	86.82	83.97	3.27%

由表3.11中的对比分析可知：各工作面垮落带高度的计算模型预测结果与实测结果的最大相对误差为6.15%，最小相对误差为0.61%，平均误差为4.08%，误差结果较小，表明拟合得到的计算模型具有较高的准确度，计算模型可用于大平矿待采工作面垮落带高度的预测。

② 导高的统计回归分析

将表3.7中导高试验数据和表2.6中导高的实测值代入 MATLAB 软件进行拟合分析，得到导高的多元非线性回归方程，即

$$H_{li} = 6.31 + \frac{8.38}{1 - 4.84 e^{-1.66 - 0.002\,4d}} + \frac{12.18}{1 + 0.004\,1 e^{-19.35 + 0.045s}} + 8.59M +$$

$$\frac{7.77}{1 - 4.45 e^{-3.45 + 0.43l}} + \frac{7.77}{1 - 4.45 e^{-3.45 + 0.098L}} + \frac{7.77}{1 - 4.45 e^{-3.45 + 18.26v}} \tag{3.9}$$

把实测工作面的参数代入式(3.9)中，得出工作面导高的计算值，并与实测结果进行对比分析，误差比较如表3.12所示。

表 3.12　导高与实测值之间的误差比较

工作面	基础参数						实测数据/m	公式计算/m	相对误差
	岩性	埋深/m	采高/m	工作面长度/m	推进长度/m	推进速度/(m/d)			
N1N2	3	430.8	10.30	195	917	2.55	196.0	201.9	3.01%
N1N4	1	368.0	11.40	207	348	2.92	227.7	216.5	4.92%
N1S1	3	460.8	12.60	227	1 242	2.62	221.5	221.5	0%
S2S2	1	551.2	13.93	227	1 022	2.62	231.4	231.7	0.13%
S2N1	1	660.0	11.54	257	1 324	2.70	193.1	205.6	6.47%
N1S2	3	430.0	14.74	227	1 392	2.39	234.1	240.0	2.52%
N1S3	3	424.6	14.74	268	2 312	2.25	232.0	240.1	3.49%

由表 3.12 中的对比分析可知,各工作面导高的计算模型预测结果与实测结果的最大相对误差为 6.47%,最小相对误差为 0%,平均误差为 2.93%,误差结果较小,表明拟合得到的计算模型具有较高的准确度,计算模型可用于大平矿待采工作面导高的预测。

根据导高和垮落带高度的计算模型,利用 MATLAB 软件绘制各单个影响因素与导高和垮落带高度之间的关系曲线图,如图 3.8 所示。

图 3.8 各影响因素与导高和垮落带高度之间的关系曲线图

由图 3.8 可以看出:导高和垮落带高度与采高呈正相关关系,与其他因素呈现增阻函数关系,导高和垮落带高度受各因素影响的变化趋势基本相同,斜率不同。

3.2 工作面最大可能导水裂缝带高度的确定

为了确保首采工作面水体下开采的安全,分别采用回归公式和数值模拟两种方法对导高进行预测,从中选取最大可能导高用于水下开采安全性的评价。

3.2.1 导水裂缝带高度的数值模拟分析

仍采用 3DEC 模拟软件建立数值模型,模型的尺寸按照 3.1.3 节中的原则进行设定,参照上节中导高发育过程中的解释分析方法,确定首采工作面开采后导高的大小。

根据 2.1.3 节中给出的工作面地质采矿参数确定模型的长×宽×高为 360 m×340 m ×300 m,其他参数见表 3.5。由于埋深对导高的影响较大,因此选择最大埋深 767 m 进行模拟计算,得出最大导高。

根据工作面埋深 767 m 和库水压力 0.034 1 MPa,计算得到的上覆载荷共施加 12.18 MPa 的垂直压力,水平应力 15.83 MPa 为垂直压力 1.3 倍。开挖步距设为 10 m。模拟开挖后在工作面前方设置观测面,观测不同推进过程中剖面位置上的覆岩塑性变形破坏和应力变化,分析、确定导高的大小。

为消除初次来压对分析结果的影响,选取距开切眼 70 m 处设置观测剖面,分别分析工作面推过观测剖面 10 m、30 m、50 m、70 m、90 m、100 m 时观测剖面的塑性变形破坏和应力变化情况,确定导高的大小。图 3.9 为工作面不同推进距离时观测剖面上的塑性变形破坏云图。

由图 3.9 可以看出,随着工作面的推进,覆岩塑性破坏范围逐渐增大,基本上都属于拉伸和剪切破坏。工作面推过 100 m 时的塑性破坏区只在横向上比推过 90 m 时有所增大,但高度基本保持不变,说明导高已发育至最大。根据观测结果绘制导高变化曲线(图3.10)。

由图 3.10 可以看出:导高随着工作面的推进呈现逐渐增大的趋势,在工作面推过 90 m 后,基本保持不变的状态,此时最大可能导高为 180.6 m。

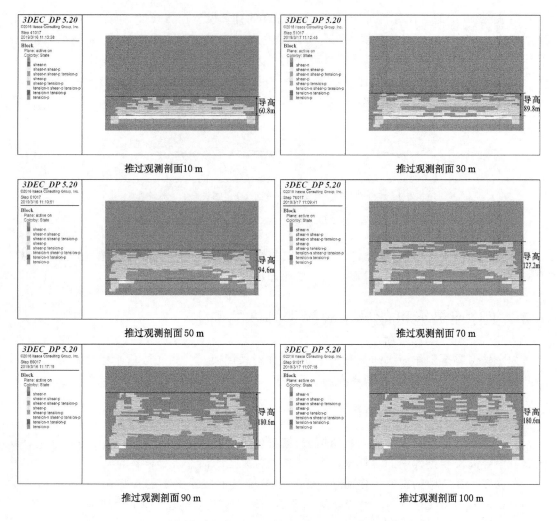

图 3.9　不同推进距离时观测剖面上覆岩的塑性变形破坏云图

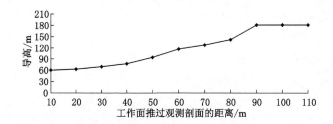

图 3.10　工作面推过观测剖面不同距离时导高

　　图 3.11 为 70 m 剖面位置在工作面不同推进距离下的应力变化云图。

　　由图 3.11 可以看出:工作面推过观测剖面 10 m 至 70 m 时,工作面上覆岩层的应力降低区域逐渐增大,且逐渐向上扩展,但中部区域的应力值较小,在 0~5 MPa 左右,远小于原岩应力值,说明此范围内的岩体处于卸压状态,裂隙发育充分;在工作面推进至距观测剖面 90 m 位置时,中部卸压状态区域的岩体受到上覆破裂岩层和煤层底板岩层之间的挤压,应

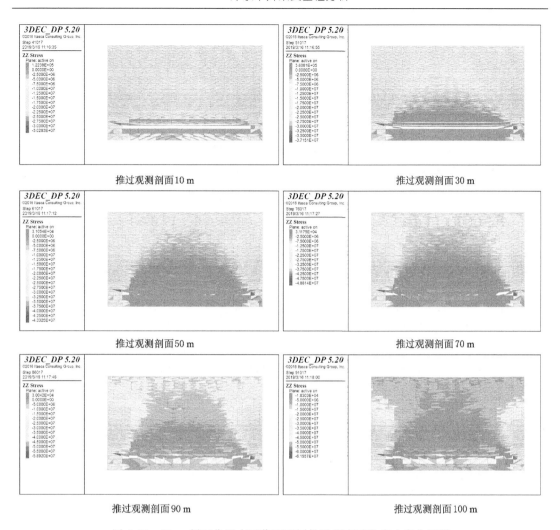

图 3.11　70 m 剖面位置在工作面不同推进距离下的应力变化云图

力值开始增大,应力恢复区向上覆扩展;在工作面继续向前推过观测剖面 100 m 位置时,下部卸压区域岩体由松散堆积状态转向压密阶段,岩体间的空隙减小,更加密实,但应力值仍小于原岩应力。而中上部岩体受上覆岩层和严密段岩层之间的挤压作用,裂隙也发生闭合,应力值逐渐增大,直至达到一定值时(大于原岩应力)就不再增加,此时工作面的导高根据岩体应力变化值的大小(应力值由原始应力先减小后增大,稳定时大于原岩应力值)确定为 175 m 至 185 m 之间。

通过对工作面开采过程中不同推进距离下同一剖面导高的塑性变形和应力云图分析得到,坝下首采 S2S9 综放工作面水下开采的导高为 180.6 m。

3.2.2　导水裂缝带高度的回归模型计算及最大可能高度的确定

根据 S2S9 工作面的地质采矿条件,结合导高的回归模型计算式(3.9)可知:其他因素相同的条件下,煤层的埋深对导高的影响较大。因此,为了确保水下开采的安全,在对待采工作面导高预测时各工作面的埋深取最大值。

将 S2S9 工作面的各项参数代入导高的计算公式中得到导高 H_{li}，即

$$H_{li} = 6.31 + \frac{8.38}{1-4.84\mathrm{e}^{-1.66-0.002\,4\times3}} + \frac{12.18}{1+0.004\,1\mathrm{e}^{-19.35+0.045\times767}} + 8.59\times8.95 +$$

$$\frac{7.77}{1-4.45\mathrm{e}^{-3.45+0.43\times277}} + \frac{7.77}{1-4.45\mathrm{e}^{-3.45+0.098\times2\,001}} + \frac{7.77}{1-4.45\mathrm{e}^{-3.45+18.26\times2.22}}$$

$$= 178.2\text{ m}$$

将数值模拟和预测计算模型得到的导高进行对比分析，验证两种方法的可靠性和准确性，确定首采面的最大可能导高。两种方法得到的导高对比如表 3.13 所示。

表 3.13 两种方法预测导高的对比表

工作面	导高/m		绝对误差/m	相对误差
	数值模拟	计算模型		
S2S9	180.6	178.2	2.4	1.35%

从表 3.13 可以看出，两种方法预测首采面最大可能导高之间的绝对误差为 2.4 m，相对误差为 1.35%，相差较小，直接证明了两种预测方法所得最大可能导高的可靠性和准确性。

按照安全可靠的原则，从数值模拟分析和预测计算模型得出的结果中选出较大者，作为水下开采安全性综合判定的依据。通过比较确定首采面的最大可能导高为 180.6 m。

3.3 工作面水下开采安全性的判定

根据煤层上覆地表水体的层位高度、导高和保护层厚度三者之间的关系，构建水体下安全开采的判定标准[135,136]，判断库水下首采工作面开采的安全性，为坝体下开采的安全性分析奠定基础。

（1）水体下开采安全性判定准则的确定

根据《"三下"规范》要求：水体下进行煤层开采时，严禁导水裂缝带直接与水体的底界面导通，且应在水体底界面以下留设一定高度的防水安全煤（岩）柱，防水安全煤（岩）柱的垂高（H_{sh}）应当大于或者等于导水裂缝带的最大高度（H_{li}）加上保护层厚度（H_b），即 $H_{sh} \geqslant H_{li} + H_b$。若覆岩采动裂隙使库水与井下导通，将造成库水溃入井下，对工作面综放开采安全构成严重威胁。因此，水体下采煤安全与否以及安全的可靠性，取决于防水安全煤（岩）柱的高度。

① 防水安全煤（岩）柱高度的确定

防水安全煤（岩）柱高度是指煤层上覆含水层的底板岩层或库水底界面与煤层顶板之间的距离，如图 3.12 所示。由大平矿井田内的水文地质特征可知，井田内含有 3 个含水层，具有隔水能力。

侏罗系中的承压含水层赋存于煤层的下部，与上覆煤层的保护层厚度无关，且其分布较薄，与上部含水层水无水力联系，在此可忽略不计。

白垩系砂岩及砂砾岩承压含水层和第四系砂及砂砾承压含水层均分布在第四系底界面与风化带底界面上（图 3.13），分析各含水层的透水性及层位高度，用于确定防水安全煤（岩）柱上边界位置，最终确定安全防水煤（岩）柱高度。

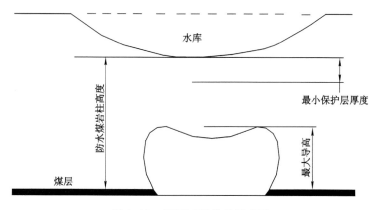

图 3.12　岩层厚度关系示意图

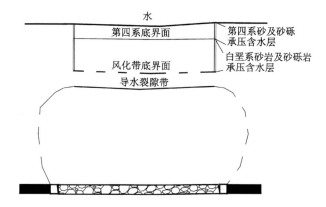

图 3.13　保护层厚度构成示意图

第四系砂及砂砾承压含水层在 8.52～13.47 m 厚亚黏土及黏土之下,最大厚度 2.33 m,主要成分是以石英、长石为主的砂及砂砾,依靠大气降水补给,与下部白垩系风化带含水段有微弱水力联系。

白垩系砂岩及砂砾岩承压含水层分为白垩系风化带含水层和白垩系微弱含水层。白垩系风化带含水层厚度为 10.73～62.34 m,平均 31.03 m,主要由紫红色砂岩及砂砾岩组成,其成分以石英、长石为主,结构松散破碎,砾径不一,其含水性及透水性较强。

白垩系微弱含水层厚度为 14.91～44.18 m,平均 27.17 m,主要由灰绿色砂岩及砂砾岩组成,为泥质胶结,其结构较上部风化带含水层致密,其含水性及透水性比较弱。

分析以上含水层的位置、厚度和特点,从开采安全角度考虑,选取煤层上覆白垩系微弱含水层底边界作为防水安全煤(岩)柱高度的上边界,白垩系微弱含水层底边界距水库底边界高度为 122.32 m(13.47 m＋2.33 m＋62.34 m＋44.18 m)。

② 最小保护层厚度的确定

保护层厚度是指煤层开采后上覆含水层下起隔水作用的岩层厚度,其范围为含水层下边界至最大导高的上边界。

由于《"三下"规范》中防水安全煤(岩)柱保护层厚度选取规定不适用于综放开采,采用工程类比法,根据大平矿水库下已安全开采的 4 个综放工作面最大导高与防水安全煤(岩)柱高度之间的关系,求出各工作面的保护层厚度(表 3.14)。从开采安全角度考虑,选取保护层的最小值 58.84 m 作为坝下工作面开采安全性判定指标。

表 3.14 已采工作面保护层厚度

工作面	采厚/m	埋深/m	防水安全煤(岩)柱高度/m	导高/m	保护层厚度/m
N1S1	12.6	460.8	325.88	221.5	104.38
S2S2	13.93	551.2	414.95	231.4	183.55
S2N1	11.54	660	526.14	193.1	333.04
N1S2	14.74	430	292.94	234.1	58.84

由于库水下工作面留设的最小保护层厚度为 58.84 m 时,工作面能够安全开采,因此,58.84 m 厚的保护层,其岩性及组合特征均能起到隔水作用,且不被破坏。

由上述分析可得大平矿水库下安全开采的判定标准为:煤层上方的最小防水安全煤(岩)柱高度(埋深取最小值)与最大导高之间的差值要大于 58.84 m 的保护层厚度($H_{sh}-H_{li}>H_b$)。

（2）安全性判定

根据 3.2 节确定的首采面最大可能导高和覆岩结构性质,按照前述库水下开采安全判定准则,判定坝下首采工作面库水下开采的安全性。

从计算模型和数值模拟的计算结果可知坝体下首采面的最大可能导高为 180.6 m。结合防水煤岩层高度和最小保护层厚度 58.84 m 判定首采面水下开采的安全性,如表 3.15 所示。

表 3.15 首采面水下开采安全性判定数据表

工作面	采高/m	埋深/m	防水安全煤(岩)柱高度/m	最大导高/m	保护层/m	标准保护层厚度/m	判定结果
S2S9	8.95	684	561.68	180.6	381.08	58.84	安全

由表 3.15 的判定结果可知,首采面最小埋深与上覆含水层高度的差值得到的防水安全煤(岩)柱高度为 561.68 m,防水安全煤(岩)柱高度与最大可能导高之间的差值为 381.08 m,不仅大于能够安全隔水的最小保护层厚度 58.84 m,而且还大于已采面最大的保护层厚度 333.04 m,说明首采面实施水库下综放开采是安全可行的。

3.4 本章小结

（1）分析各主要影响因素与导高之间的关系,运用正交试验法确定不同影响因素组合的试验方案组,通过数值模拟分析得出各方案的导高和垮落带高度,利用极差和方差分析得出影响大平井田导高最为显著性的影响因素为采高,其次为推进速度、埋深和工作面长度,最弱的为推进长度和岩性及结构组合。

（2）根据数值模拟分析得出各方案的导高和垮落带高度,结合工作面导高的实测数据,运用统计分析方法,构建了该井田导高和垮落带高度的计算模型。导高计算结果与实测数据的最大相对误差为 6.47%,最小误差为 0%,平均误差为 2.93%;垮落带高度计算结果与实测数据的最大相对误差为 6.15%,最小相对误差为 0.61%,平均误差为 4.08%,基本能够满足实际应用的要求。

（3）依据《"三下"规范》的规定及岩层性质,结合库水下已安全回采工作面的保护层厚度,提出了该井田水下采煤安全性的判定标准。根据计算模型和数值模拟得出的最大可能导高,按照以上标准判定的结果为首采面的水下开采是安全可行的。

4　坝体移动变形规律及特征的预测分析

针对大平矿的具体地质条件,提出基于覆岩剩余自由空间高度的地表最大下沉值计算模型,通过概率积分法的预测结果与实测数据进行对比分析,找出计算模型中产生误差的原因,结合实测数据,利用多项式法对计算模型进行修正,构建适合该井田内的地表移动变形计算模型。运用该计算模型的预测结果,分析首采工作面开采后的地表移动变形规律及特征,推断工作面上覆坝体的移动变形规律及特征。研究结果为首采面开采后坝体变形破坏的全尺寸数值模拟、简化相似材料模拟和简化数值模拟提供数值支撑和验证依据。

4.1　预测方法简介

4.1.1　预测方法及特点

地表移动变形预测方法依据建立预测方法的途径、预测手段和预测时采用的函数共分为三大类,其中建立预测方法的途径包含实测资料的经验方法、影响函数法和理论模拟法;预测手段包含解析法、图解法和电子计算机法;预测时采用的函数包含剖面函数法和影响函数法。这些预测方法采用的数学理论基础为概率积分法、典型曲线法和负指数函数法。

由于概率积分法较其他两种数学理论存在着理论推导严密、参数选取简单、计算效率高、预测函数简单、便于计算机编程实现、使用方便等特点,应用最为广泛。因此,选用概率积分法对坝体移动变形进行预测分析。

概率积分法的基础是随机介质理论[137,138],根据其计算原理,提出四个方面的基本假设:岩体为均质、非连续介质;具备线性叠加原理;弯曲带内岩体只发生形变,不发生体积的变化;开采结束后,地表的下沉体积等同于采区矿物的体积。

按照上述假设,使用概率积分法对地表移动变形进行预测的过程为:将岩体看成特别小的颗粒介质,把颗粒按埋深高度不同分层划分,抽出下部颗粒,预测上部各分层中颗粒的移动规律,如图 4.1 所示。

假设颗粒之间完全失去联系,可以相互运动,当某一层的颗粒介质移动后,其上部的颗粒介质有向下移动的趋势,并伴有一定的概率,颗粒介质的移动将形成一系列反应,被影响到的颗粒介质都会产生相应的移动,最终将会影响到地表,引起地表的移动变形。

4.1.2　地表移动变形预测模型

地表移动变形预测模型的研究内容包含计算模型的构建、输入参数的选择和计算模型存在的不足三个方面。

(1)计算模型的构建

将随机介质力学模型引入到煤层开采后的地表移动变形预测中,是将预测工作面的实际参数代入最大下沉值公式中,预测煤层开采后地表各点的下沉值。

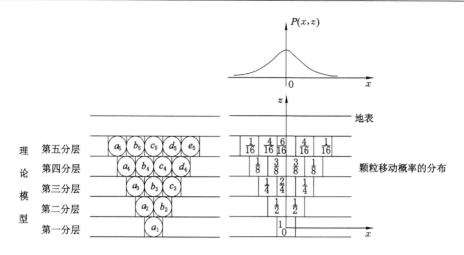

图 4.1　随机介质力学模型

如图 4.2 所示,以 O_1 作为煤壁与采空区的分界线,当工作面推至煤壁 O_1 点处时,采空区侧顶板垮落稳定后剩余自由下沉空间高度为 W_0(顶板弯曲下沉空间高度),测得的地表最大下沉值也为 W_0,说明煤层开采达到充分采动。

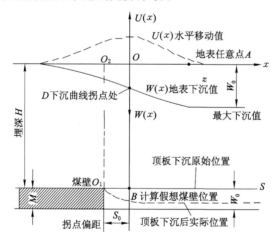

图 4.2　走向主断面地表下沉和水平移动

根据随机介质理论,在 X 轴方向上任意点的地表下沉值和水平移动值表达式分别为:

$$W(x) = \frac{1}{r} \mathrm{e}^{-\frac{\pi x^2}{r^2}} \tag{4.1}$$

$$U(x) = -\frac{2\pi B x}{r^3} \mathrm{e}^{-\pi \frac{x^2}{r^2}} \tag{4.2}$$

式中　$W(x)$——x 轴方向上任意点的地表下沉值,m;

$U(x)$——x 轴方向上任意点的水平移动值,m;

r——主要影响半径,m;

B——比例常数。

$$r = \frac{H}{\tan \beta} \tag{4.3}$$

式中　H——走向主断面采深,m;

　　　$\tan \beta$——走向主断面主要影响角正切。

根据式(4.1)和式(4.2),可绘制煤层开采后地表的下沉值变化曲线图和其对应的地表水平移动值变化曲线图,如图 4.3 所示。

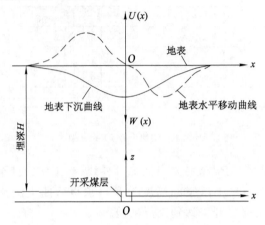

图 4.3　地表下沉曲线和水平移动曲线

对走向主断面内坐标为 x 的地表任意点 A,其水平变形值、倾斜值和曲率值由地表水平移动值和下沉值表达式在$[0,+\infty]$区间的积分及其一阶或二阶导数进行计算,预测公式为:

$$
\begin{cases}
W(x) = \frac{W_0}{2} \left[\frac{2}{\sqrt{\pi}} \int_0^{\frac{\sqrt{\pi}}{r}x} e^{-u^2} \, du + 1 \right] \\[2mm]
i(x) = \frac{W_0}{r} e^{-\pi \frac{x^2}{r^2}} \\[2mm]
K(x) = -\frac{2\pi W_0}{r^3} x e^{-\pi \frac{x^2}{r^2}} \\[2mm]
U(x) = b W_0 e^{-\pi \frac{x^2}{r^2}} \\[2mm]
\varepsilon(x) = -\frac{2\pi b W_0}{r^2} x e^{-\pi \frac{x^2}{r^2}} \\[2mm]
W_0 = m q \cos \alpha
\end{cases}
\tag{4.4}
$$

式中　$W(x)$——计算点 x 的下沉值,mm;

　　　$i(x)$——计算点 x 的倾斜值,mm/m;

　　　$K(x)$——计算点 x 的曲率值,mm/m²;

　　　$U(x)$——计算点 x 的水平移动值,mm;

　　　$\varepsilon(x)$——计算点 x 的水平变形值,mm/m;

　　　W_0——最大下沉值,mm;

　　　M——采高,m;

　　　α——煤层倾角,(°);

　　　q——下沉系数;

b——水平移动系数。

（2）输入参数的选择

根据式（4.4）计算地表各点移动变形值所需的输入参数，可将其分为待采工作面的地质采矿基础参数和预测参数。其中工作面采高、煤层倾角为基础参数，工作面的最大下沉值、下沉系数、水平移动系数、开采影响传播角、主要影响角正切值、拐点偏移距和主要影响半径为预测参数。

依据待采工作面的开采设计可以得到基础参数。待采工作面的预测参数通常采用相邻工作面直接引用、同一矿区多个工作面均值处理后引用、不同矿区相同地质采矿条件下直接引用等工程类比法得到。

各主要预测参数的常规计算方法为：

① 最大下沉值

最大下沉值依据该井田内相邻工作面的平均下沉系数，结合煤层倾角进行估算。

② 水平移动系数

水平移动系数是煤层开采后地表最大水平移动值与最大下沉值之比，其值一般根据工程类比法得到，取值为0.3左右。

③ 开采影响传播角

开采影响传播角表示地表移动盆地向下山方向的偏移程度，主要用来确定下沉盆地拐点位置，与覆岩岩性、煤层倾角等因素有关。与煤层倾角的表达关系式为$\theta=90°-k\alpha$，其中α为煤层倾角，k与覆岩岩性相关（且为小于1的常数），当工作面顶板覆岩岩性为坚硬时k为0.7~0.8，中硬时k为0.6~0.7，软弱时k为0.5~0.6。

④ 主要影响角正切值

主要影响角正切值是指主断面边界采深与主要影响半径之比，它是预测地表移动变形范围的主要参数，与顶板上覆岩层的物理性质、采区尺寸、煤层倾角有关。

铁法煤业（集团）有限责任公司和沈阳煤业（集团）有限责任公司根据多年各岩移观测站综合分析成果[146]，给出的具体经验值：沈南矿区林盛矿$\tan\beta=1.89$（中硬类）；沈南矿区西马四矿$\tan\beta=1.85$（中硬类）；沈北矿区（包括铁煤集团大平井田）$\tan\beta=2.0$（软岩类）。

⑤ 拐点偏移距

拐点偏移距是指自下沉曲线的拐点沿开采影响传播角作直线，与煤层相交的交点沿煤层方向到采空区边界的距离。文献[147][148][149]通过分析拐点偏移距与开采深度之间的线性函数、分析函数以及对数函数，得出线性函数计算结果优于其他两个，因此用线性函数$S=11.234+0.071H$来计算拐点偏移距。

（3）计算模型存在的不足

由上述计算公式和输入参数分析可知，概率积分法存在两个方面的不足：一是输入参数产生的误差，二是计算模型自身产生的误差。

① 输入参数产生的误差

对于地表移动变形预测中需要输入的计算参数为采高、埋深、煤层倾角、开采影响传播角、主要影响角正切值、拐点偏移距、下沉系数、水平移动系数和任意点的坐标位置。其中采高、埋深、煤层倾角三个参数均为工作面已知定值，任意点的坐标是预测不同位置所需输入的数值，也为定值，对于模型的计算结果不会产生误差。

待采工作面的开采影响传播角、拐点偏移距和主要影响角正切值均不能直接测量,可以通过最大下沉值和水平移动值计算而得,但通常根据井田内其他工作面开采经验类比而得。

最大下沉值是由下沉系数、采高和煤层倾角计算所得,所以地表移动变形计算模型不易确定的两个参数为下沉系数和水平移动系数。对于待采工作面,其下沉系数和水平移动系数需要通过工程类比得到,显然,如果输入的计算参数不够准确,肯定会致使计算模型产生误差。

② 计算模型自身产生的误差

由于概率积分方法基于随机介质理论,计算模型中输入参数没有考虑待采工作面的岩性及组合特征,其计算结果中也必然会出现一定的误差。

4.1.3　地表移动变形预测系统

地表移动变形预测系统是笔者在概率积分法的预测模型和算法基础上,结合多年研究经验,运用C++语言和图形图像处理技术编制而成的。

（1）地表移动变形计算参数

预测系统所需的输入参数分为两个大类:一类是地质采矿基础参数,主要包含所预测工作面的各项基础条件数据,这些数据均为定量参数;另一类是预测参数,主要通过工程类比的方法得到,具体各项输入参数如图4.4所示。

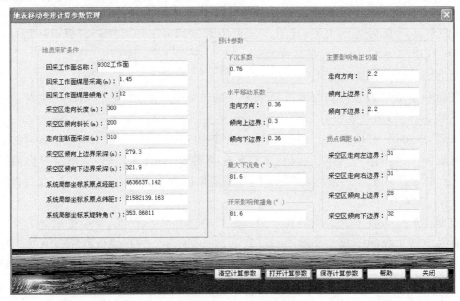

图 4.4　计算参数输入界面

（2）地表移动变形值计算

地表移动变形值计算利用《矿山开采沉陷学》的计算模型和预测方法,根据基础计算参数的输入、运行条件的判断、计算模型的选择等判定过程,逐步进行运算。

以煤层开采后上覆地表任意点沿走向和倾向方向上的移动变形为例,绘制地表发生移动变形后的下沉等值线。

① 受采动影响下上覆地表任意点沿走向和倾向方向上的移动变形计算

　　根据预测结果需求,选择输入或导入指定点、指定区域,调用之前输入的计算基础参数,执行计算流程,得到受采动影响下上覆地表任意点沿走向和倾向方向上的移动变形值,计算界面如图 4.5 所示。

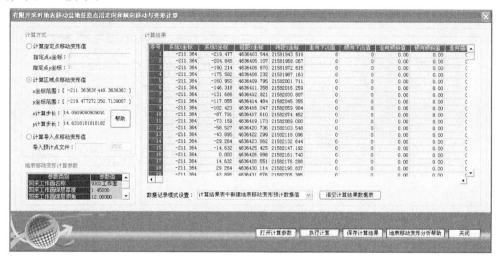

图 4.5　地表移动盆地任意点沿走向和倾向移动变形计算窗口

② 下沉曲线绘制

　　利用预测系统中自带的图形图像处理技术将预测结果导入等值线绘制计算窗口中,进行显示点的间隔设置,借助抛物线拟合算法,根据预测结果中各点的坐标范围生成平滑的移动变形曲线,从不同位置的移动变形可以看出地表任意点受采动影响下各变形值的变化特征,为地表移动变形等值线的绘制提供基础数据处理功能。绘制界面如图 4.6 所示。

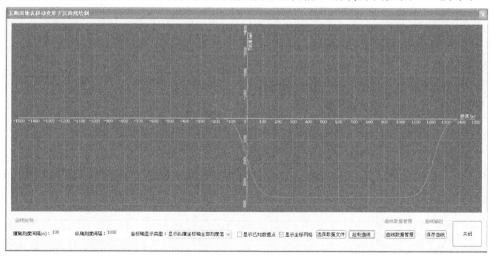

图 4.6　主断面地表移动变形预测曲线绘制窗口

③ 等值线绘制

　　地表移动变形等值线绘制共包括离散点、狄洛尼三角网和规则点网格三种算法,根据各点的移动变形值,通过插值计算自动生成地表移动变形的等值线,其中利用 $W=10$ mm 的等值线可以在地表移动变形等值线外侧添加边界修订范围,而且系统设置的临界变形值($i=3\ mm/m,\varepsilon=2\ mm/m,K=0.2\ mm/m^2$)能够在生成的等值线上标出移动变形过程中较为危险的变形区域。图 4.7 为上述方法绘制的等值线。

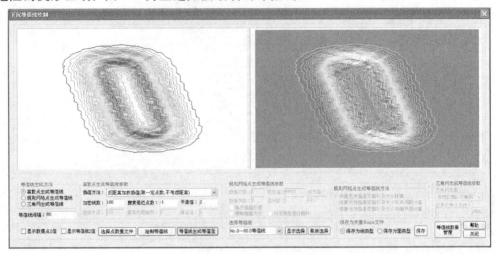

图 4.7　等值线的绘制

4.2　主要预测参数确定方法的建立及预测模型的修正

针对预测参数难以精准获取和计算模型自身存在误差问题[139],通过实测数据与预测结果的误差及其原因分析,提出相对准确的预测参数确定方法,并对预测模型进行修正,为首采面引起的坝体移动变形规律分析提供可靠的手段。

4.2.1　预测结果的误差分析

选择经过地表移动变形观测的 S2S2 工作面作为研究对象,首先利用上述预测系统对该工作面引起的地表移动变形值进行预测,然后将预测结果与实测结果进行对比,分析误差及其产生的原因。

(1) S2S2 工作面开采的地表移动变形预测

① 预测参数

根据 S2S2 综放工作面的作业规程等相关资料,提炼出预测所需的地质采矿参数,如表4.1 所示。

表 4.1　地质采矿条件数据表

名称	数值		名称	数值
工作面	S2S2		采高/m	13.93
煤层倾角/(°)	7.0		推进长度/m	1 022
工作面长度/m	227	采空区	倾向上边界采深/m	525
走向主断面采深/m	567.5		倾向下边界采深/m	610

依据常规计算方法计算待采工作面的预测参数。

a. 下沉系数

下沉系数采用 2.4 节中地表移动变形实测数据中该井田内相邻工作面的平均值进行确定,下沉系数为 0.69。

b. 水平移动系数

按照相邻工作面的开采经验取水平移动系数 0.3。

c. 开采影响传播角

由于大平矿顶板覆岩为软弱岩层,覆岩岩性相关系数 k 为 0.5~0.6,为了考虑最差的影响条件(影响范围大),在此 k 取最大值 0.6,得到开采影响传播角为 85.8°。

d. 主要影响角正切值

结合大平井田内覆岩性质和各岩移观测站综合分析成果,确定主要影响角正切值为 2.0。

e. 拐点偏移距

结合大平矿主断面采深 567.5 m,采空区倾向上、下边界采深分别为 525 m 和 610 m,计算得到采空区走向左、右边界的拐点偏移距分别为 51.5 m 和 51.5 m,采空区倾向上、下边界的拐点偏移距分别为 48.5 m 和 54.5 m。

根据上述常规计算方法确定出该工作面的预测参数,如表 4.2 所示。

表 4.2 预测参数

名称		数值	名称		数值
下沉系数		0.69	主要影响角正切值	走向方向	2.0
最大下沉角/(°)		85.8		倾向上边界	2.0
开采影响传播角/(°)		85.8		倾向下边界	2.0
采空区拐点偏距	走向左边界/m	51.5	水平移动系数	走向方向	0.30
	走向右边界/m	51.5		倾向上边界	0.30
	倾向上边界/m	48.5		倾向下边界	0.30
	倾向下边界/m	54.5			

② 预测结果

预测得出的数据经过计算处理,绘制 S2S2 工作面开采后的各变形值等值线图(图 4.8)。

从图 4.8 中可以看出:当工作面推完下沉稳定后,地表下沉等值线中部形成一个椭圆形的平底盆地,最大下沉值为 8.08 m;倾斜等值线中工作面下边界侧的倾斜值最大,最大倾斜值为 72.47 mm/m;曲率等值线中下边界侧的曲率值最大,最大曲率值为 $0.779 \times 10^{-3} \cdot \text{m}^{-1}$;水平变形等值线和水平移动等值线中最大值均出现在工作面下边界侧,最大水平变形值为 -26.91 mm/m,最大水平移动值为 4.224 m,由此可判定工作面各侧的拐点处位置。

(2) S2S2 工作面开采的地表移动变形实测

沿工作面推进方向中线位置布置一条观测线,测线距进回风巷道的垂直距离均为 113.5 m,测线上共计 34 个测点,间距为 30 m,各个测点均在工作面内部,其中 1 号测点距切眼 2 m,如图 4.9 所示。

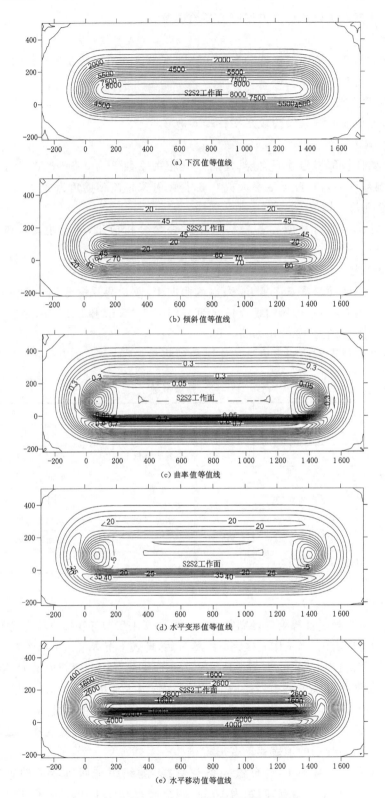

图 4.8　各个移动变形值的预测等值线图

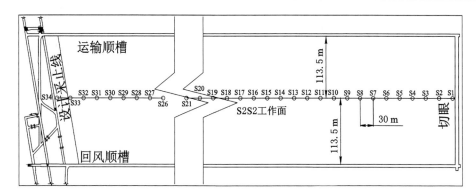

图 4.9 工作面测点布置示意图

当工作面回采结束后，工作面上覆地表中各测点连续 6 个月内累计下沉值小于 30 mm时，即认为地表移动变形结束，工作面达到充分采动。测点 1 至测点 34 范围内的移动变形值如表 4.3 所示，根据观测结果分析地表移动变形特征。

表 4.3　各测点的地表移动变形实测值

测点	下沉值 /m	倾斜值 /(mm/m)	曲率值 /($10^{-3} \cdot m^{-1}$)	水平变形值 /(mm/m)	水平移动值 /m
1	−0.05	1.37	0.069	3.38	0.119
2	−1.32	34.53	0.351	22.79	2.215
3	−3.43	47.23	0.084	6.73	3.108
4	−6.13	41.67	−0.358	−20.53	2.766
5	−8.07	20.11	−0.296	−19.88	1.143
6	−8.15	17.46	−0.216	−16.24	1.062
7	−8.24	10.22	−0.166	−14.02	0.998
8	−8.48	7.35	−0.073	−6.01	0.864
9	−8.70	6.25	−0.001	−0.01	0.866
10	−9.15	5.32	−0.001	−0.01	0.866
11	−9.65	4.85	−0.001	−0.01	0.866
12	−9.99	4.46	−0.001	−0.01	0.866
13	−10.32	4.27	−0.001	−0.01	0.866
14	−10.66	4.21	−0.001	−0.01	0.866
15	−10.93	4.13	−0.001	−0.01	0.866
16	−11.04	4.08	−0.001	−0.01	0.866
17	−11.07	3.88	0.000	0.00	0.866
18	−11.07	3.88	0.000	−0.01	0.866
19	−11.04	4.08	−0.001	−0.01	0.866
20	−10.93	4.13	−0.001	−0.01	0.866
21	−10.66	4.21	−0.001	−0.01	0.866

表 4.3(续)

测点	下沉值 /m	倾斜值 /(mm/m)	曲率值 /($10^{-3} \cdot m^{-1}$)	水平变形值 /(mm/m)	水平移动值 /m
22	−10.32	4.27	−0.001	−0.01	0.866
23	−9.99	4.46	−0.001	−0.01	0.866
24	−9.65	4.85	−0.001	−0.01	0.866
25	−9.15	5.32	−0.001	−0.01	0.866
26	−8.70	6.25	−0.001	−0.01	0.866
27	−8.48	7.35	−0.073	−6.01	0.864
28	−8.24	10.22	−0.166	−14.02	0.998
29	−8.15	17.46	−0.216	−16.24	1.062
30	−8.07	20.11	−0.296	−19.88	1.143
31	−6.13	41.67	−0.358	−20.53	2.766
32	−3.43	47.23	0.084	6.73	3.108
33	−1.32	34.53	0.351	22.79	2.215
34	−0.05	1.37	0.069	3.38	0.119

从表 4.3 可知:开采引起地表移动变形产生的最大下沉值为 11.07 m,最大倾斜值为 47.23 mm/m,最大曲率值为 $-0.358 \times 10^{-3} \cdot m^{-1}$,最大水平变形值为 22.79 mm/m,最大水平移动值为 3.108 m。

(3) 预测结果与实测结果的误差分析

按照实测点布置图中各测点的坐标位置,从预测结果中提取各个测点的移动变形预测值,与实测数据分别对比分析,对比分析图如图 4.10 和图 4.11 所示。

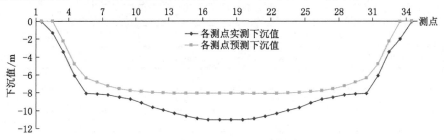

图 4.10　各测点实测下沉值与预测下沉值对比图

由图 4.10 实测下沉值与预测下沉值对比图可以看出:实测下沉曲线与预测下沉曲线的下沉盆地外形基本一致,但是实测数据中最大下沉值为 11.07 m,而预测软件预测出的最大下沉值只有 8.08 m,实测值比预测下沉值大 2.99 m。

按照预测软件中输入的下沉系数 0.69,工作面采高 13.93 m,煤层倾角 7°,依据概率积分法中最大下沉值计算公式,计算该工作面的最大下沉值应为 9.54 m,与预测软件的最大下沉值 8.08 m 相差 1.46 m;比实测值小 1.53 m。预测软件得出的最大下沉值偏小,与实测和概率积分法计算公式得到的最大下沉值相差较大,说明概率积分法在预测计算过程中

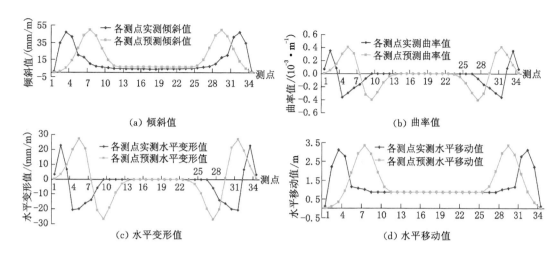

图 4.11　实测的地表移动变形值与预测结果对比图

存在着一定的缺陷。产生上述问题的原因有两个方面：

① 概率积分法计算模型自身产生误差。从概率积分法的推导过程可以看出，该模型以非连续介质力学中的颗粒体介质力学为理论基础，将上覆岩土体视为同一性质，颗粒之间完全失去联系。在工作面周围的煤体上方，覆岩层受到较强的指向采空区中心的拉应力，位于煤体上方的采动覆岩产生指向采空区中心的水平位移和垂直位移，导致下沉盆地边缘处的预测结果小于实际结果。

② 预测参数不准确，如下沉系数的输入采用经验类比所得。

地表移动变形预测中需要各种参数值，预测准确度很大程度上取决于参数的选择，对于待采工作面，其下沉值、水平移动系数等参数不能直接测定，通常采用工程类比的方法确定，对于大平井田内不同工作面的下沉系数都不能完全相同，类比其他井田的工作面，只会导致地表移动变形预测结果的误差更大。

从图 4.11 中可以看出：实测地表移动变形值中的倾斜值、曲率值、水平变形值和水平移动值与预测软件中所得到的结果，同一位置的数值有很大的不同，但变化趋势基本一致，说明概率积分法在基本模型的假设上是相对正确的。而且从图中还可看出预测软件得出的结果具有明显的对仗性，实测结果整体上有一定的对仗性，由于观测过程中人为因素和自然条件因素，细节上存在一定的误差。

4.2.2　主要预测参数确定方法的提出

由上节的分析结果可知，在采用常规方法（工程类比法）选取预测参数的情况下，预测结果存在较大的误差。为解决主要预测参数难以确定的问题，提高预测精度，在此提出影响地表移动变形的主要预测参数确定方法，为首采面的预测分析提供方法和手段。

根据概率积分法地表移动变形预测计算公式可知，最大下沉值选择的合理与否，直接影响着其他移动变形值的预测精度，如倾斜值、曲率值、水平变形值和水平移动值等；水平移动系数取值的合理与否，直接影响着地表移动变形的影响范围和影响程度等。因此精准确定待采工作面的最大下沉值和水平移动系数，对采动影响下的地表移动变形预测至关重要。

（1）最大下沉值确定方法的提出

由于最大下沉值是最为重要的预测参数,对预测结果的影响也是最大的,因此,提出了覆岩剩余自由空间高度等于地表最大下沉值的观点,并基于剩余自由空间高度与垮落带高度、采高和垮落带残余碎胀高度的关系,构建待采工作面最大下沉值的计算模型,减小由最大下沉值选择不当带来的预测误差。

在采空区内,煤层开采后形成的空间首先由顶板垮落岩层所充满[140,141],然后垮落岩石受其上覆的裂隙带和弯曲下沉带的岩层重力作用逐渐压实、高度逐渐缩小。垮落岩石初始高度与压实高度之差称之为覆岩剩余自由空间高度,即覆岩层和地表垂直向下移动的距离,也就是地表最大下沉值。因此,地表最大下沉值的实质是地表在覆岩重力作用下能够向下移动的垂直距离,其大小等于覆岩剩余自由空间高度。

覆岩剩余自由空间高度是指采高与垮落破碎岩石压实后的残余碎胀高度之差,是上覆岩层及地表允许的下沉量,也是地表的最大下沉量。其中垮落破碎岩石压实后的残余高度是指垮落破碎岩石压实后与垮落带高度之差。

根据上述定义,只要计算出残余碎胀高度,根据采高即可计算出地表最大下沉值,即

$$W_0 = M - H_c \tag{4.5}$$

式中　H_c——残余碎胀高度,m。

根据定义可知,垮落岩体的残余碎胀高度计算公式为:

$$H_c = k_i H_m - H_m = (k_i - 1)H_m \tag{4.6}$$

式中　k_i——垮落岩体的残余碎胀系数。

将式(4.6)代入式(4.5)中,得:

$$W_0 = M - H_c = M - (k_i - 1)H_m \tag{4.7}$$

由于各岩层岩体的碎胀系数和残余碎胀系数不相同,为了得到煤层开采后垮落岩体被压实后的高度,首先要对垮落岩层发育的最高层位和最高位置进行判定,然后根据各个垮落岩层的高度和各个岩层岩体的残余碎胀系数,才能求得垮落岩体被压实后的高度。

① 岩石残余碎胀系数

当煤层倾角较小时,采空区垮落岩石自然堆积在煤层底板之上,在继续垮落的岩块和上部岩层自重压力的作用下,垮落带岩石由初始碎胀状态变成最终的压实状态。两种状态分别用初始碎胀系数 k_s 和残余碎胀系数 k_i 来表示。

岩石的初始碎胀系数为岩石破碎后的体积与原岩体积之比,表示为:

$$k_s = \frac{V_2}{V_1} \tag{4.8}$$

式中　k_s——岩石的初始碎胀系数;

　　　V_2——垮落岩石的体积,m³;

　　　V_1——岩层垮落前的体积,m³。

岩石的碎胀系数一般在 1.05～1.80 之间,根据工程实践表明:岩石碎胀系数大小取决于岩石的强度、覆岩压力、破碎后的块度大小与排列结构等因素。

垮落岩石受上覆裂隙带和弯曲下沉带岩层的重力作用,压实、体积变小,初始碎胀系数也变成残余碎胀系数。垮落岩体压实稳定后的体积与原岩体积之比为岩石残余碎胀系数

k_i,表示为:

$$k_i = \frac{V_3}{V_1} \tag{4.9}$$

式中 V_3——破碎岩层受压后的体积,m^3。

通过查阅相关文献[142-144],得到不同岩石的初始碎胀系数与残余碎胀系数经验值,如表4.4所示。

表4.4 不同岩石初始碎胀系数与残余碎胀系数经验值

岩土名称	初始碎胀系数 k_s	残余碎胀系数 k_i
油页岩	< 1.2	1.01~1.03
泥岩	1.33~1.37	1.03~1.05
砂泥岩	1.35~1.45	1.05~1.07
砂岩	1.4~1.6	1.07~1.1

② 垮落岩体压缩后的高度

采空区垮落带垮落岩体的压缩变形共分为3个阶段。第一个阶段是基本顶破断前阶段,煤层直接顶随回采垮落,垮落后的矸石在自重作用下,垮落岩石之间相互碰撞,发生翻转、堆积现象,随着垮落岩体上覆自由空间的减小,垮落的程度和强度都会降低;第二阶段是基本顶破断回转压缩采空区垮落矸石阶段,基本顶回转运动触及垮落的岩体时,会对下部垮落的岩体产生压缩作用力,将垮落岩体的体积减小,垮落岩体上覆的自由空间加大,回转部分的岩体也随之滑移、下落,充满采空区;第三阶段是基本顶回转运动趋于稳定后,垮落岩体上覆的自由空间较小,上覆岩体不能垮落,只能出现弯曲下沉,挤压下部采空区垮落的岩体,使得垮落的岩体在自重和上覆载荷的共同作用下,缓慢压缩变形,直至垮落岩体不再发生变形、移动,采空区上覆地表的移动变形得到充分发育,达到最终稳定不变的状态,此时各岩层垮落岩体的碎胀系数为残余碎胀系数。

假设此时各岩层垮落岩体的残余碎胀系数为 $k_i(i=1,2,3,\cdots,n)$(岩层自下而上),对应各垮落岩体的岩层厚度为 $s_i(i=1,2,3,\cdots,n)$。如图4.12所示。

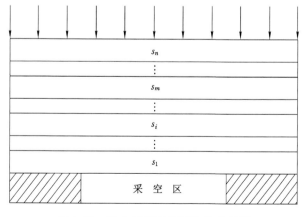

图4.12 采空区顶板岩层结构示意图

垮落岩层发育的最高层位与最高位置需要根据垮落带高度和各岩层厚度去判定,当垮落带高度大于第一层岩层高度时,第一层岩层垮落矸石压缩后的高度为$k_1 \cdot s_1$,当垮落带高度大于第一和第二层岩层高度之和时,其垮落矸石压缩后的高度为$k_1 \cdot s_1 + k_2 \cdot s_2$,当垮落带高度小于第一至第$n$层高度之和时$\left(H_m - \sum\limits_{i=1}^{n} s_i \leqslant 0\right)$,垮落矸石压缩后的高度为$\sum\limits_{i=1}^{n-1} k_i \cdot s_i + k_n \cdot \left| H_m - \sum\limits_{i=1}^{n} s_i \right|$,其具体判定流程如图 4.13 所示。

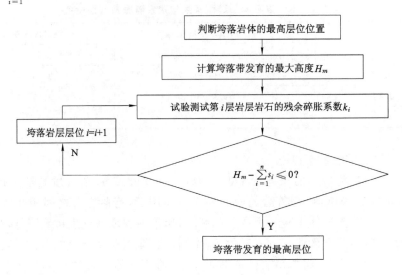

图 4.13 垮落带发育的最高岩层层位判定流程图

③ 计算模型的建立

根据第 3 章所求得的大平井田内综放工作面的垮落带高度 H_m,结合垮落矸石完全压缩后的高度和工作面采高,可求得充分采动下地表的最大下沉值 W_0(覆岩剩余自由空间高度)为:

$$W_0 = M - \left[\sum_{i=1}^{n-1} (k_i - 1) \cdot s_i + (k_n - 1) \cdot \left| H_m - \sum_{i=1}^{n} s_i \right| \right] \qquad (4.10)$$

结合煤层倾角,求得下沉系数 q 为:

$$q = \frac{W_0}{M \cdot \cos \alpha} = \frac{M - \left[\sum\limits_{i=1}^{n-1} (k_i - 1) \cdot s_i + (k_n - 1) \cdot \left| H_m - \sum\limits_{i=1}^{n} s_i \right| \right]}{M \cdot \cos \alpha} \qquad (4.11)$$

(2)水平移动系数确定方法的提出

水平移动系数 b 是指在充分采动条件下,开采水平或近水平煤层时地表的最大水平移动值 U_0 与地表最大下沉值 W_0 之比,是重要的预测参数之一[145]。

水平变形和曲率是对地表建(构)筑物损害最为严重的变形,而由预测模型式(4.4)可知,水平移动系数 b 与水平变形和曲率呈正相关的关系。因此,正确地选取水平移动系数 b,直接关乎预测结果的客观可靠性。

针对大平矿具有多个工作面地表移动变形实际观测数据资料的情况,采用统计回归的方法构建水平移动系数的计算模型。由实测数据资料整理出相关数据如表 4.5 所示。

表 4.5　各工作面开采后的水平移动系数

工作面	采深/m	采高/m	最大水平移动值/m	地表最大下沉值/m	水平移动系数
N1S1	460.8	12.6	2.302	7.840	0.294
N1S3	424.6	14.74	3.367	11.730	0.287
S2N1	660	11.54	1.276	4.842	0.264
N1S2	420	14.74	3.531	11.720	0.301

按表 4.5 中数据绘制水平移动系数 b 与最大下沉值 W_0 的关系曲线,如图 4.14 所示。

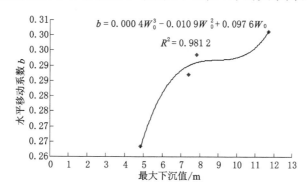

图 4.14　水平移动系数与最大下沉值的关系曲线图

由图 4.14 中的水平移动系数与最大下沉值的关系曲线,采用 MATLAB 软件进行多项式回归,得到水平移动系数的计算公式:

$$b = 0.000\,4W_0^3 - 0.010\,9W_0^2 + 0.097\,6W_0 \tag{4.12}$$

在具体计算应用前,利用式(4.7)计算出预测工作面的最大下沉值 W_0,再代入式(4.12),计算出水平移动系数 b。

(3)基于新参数的预测误差分析

以 S2S2 综放工作面为例,对其开采后的地表移动变形进行预测,检验最大下沉值和水平移动系数修正后的预测效果。

① 基础参数

由于其他输入参数依据上述基础计算过程已得到,在此仅对最大下沉值和水平移动系数进行重新计算,得到结果用于基础新参数的地表移动变形预测。

a. 最大下沉值

由 2.2.1 节和 3.1.4 节得到实测和拟合预测的垮落带高度分别为 85 m 和 80.75 m,取实测值进行计算,结合 S2S2 综放工作面各岩层的层位高度关系,由图 4.15 中的判定流程可知,S2S2 综放工作面的垮落带发育在油页岩、粉砂岩、泥岩和砂泥岩四个岩层上,其中油页岩厚度为 11 m,上覆夹杂的粉砂岩厚度为 10 m,泥岩发育厚度为 32 m,砂泥岩发育厚度为 32 m。结合表 4.4 中各岩层所得的垮落岩体残余碎胀系数和式(4.10)最大下沉值公式,可得 S2S2 综放工作面的最大下沉值。

$$W_0 = 13.93 - 11 \times (1.01 - 1) - 10 \times (1.03 - 1) - 32 \times (1.03 - 1) - 32 \times (1.05 - 1)$$
$$= 10.96 \text{ (m)}$$

即 S2S2 综放工作面的最大下沉值为 10.96 m,下沉系数为 0.79。

b. 水平移动系数

由 $W_0 = 10.96$ m,结合式(4.12)可求得水平移动系数:
$$b = 0.000\ 4W_0^3 - 0.010\ 9W_0^2 + 0.097\ 6W_0 = 0.29$$

② 预测结果及误差分析

按照最大下沉值为 10.96 m,水平移动系数 0.29,结合表 4.1、表 4.2 中的基础数据,利用地表移动变形预测系统对其采动后的地表移动变形进行预测,预测结果如图 4.15 所示。

从图 4.15 中可以看出:当工作面推完,地表下沉稳定后,下沉值等值线中部形成下沉盆地,最大下沉值为 9.22 m,最大倾斜值为 75.22 mm/m,最大曲率值为 $0.705 \times 10^{-3} \cdot \text{m}^{-1}$,最大水平变形值为 35.22 mm/m,最大水平移动值为 3.662 m。

在上述地表移动变形等值线图中沿工作面走向方向(工作面中线位置)每隔 30 m 取一个测点,各测点上的倾斜值、曲率值、水平变形值、水平移动值与实测值和原始预测移动变形值对比结果如图 4.16 所示,下沉值修正后的预测结果如图 4.17 所示。

从图 4.16 中可以看出:基础参数修正后的预测结果,其倾斜值、曲率值、水平移动值和水平变形值都与原始预测结果只是数值上有些微弱的差别,但总体变化趋势相似,与实测值变化趋势和数值大小基本相同,总体变化趋势也相同,表明概率积分法经过基础参数修正后,预测结果较之前的准确、真实。

由图 4.17 可以看出:基础参数修正后各测点绘制成的下沉曲线比原始预测结果各个测点的下沉值大,且范围较广,而且修正后的下沉值与实测值的下沉范围基本一样,只是盆地中部的下沉深度有一定的差别。

经过基础参数修正后的预测结果与实测结果对比可以得出:概率积分法预测结果收敛过快导致最终的下沉影响范围明显小于实测结果影响范围,产生的误差可以通过基础参数的修正去解决。

但基础参数修正后测点的最大下沉值为 9.22 m,较原始预测结果的最大下沉值增大 1.14 m,向实测值接近,比原始预测结果相对较好,但还与实测值 11.07 m 相差 1.85 m,说明基础参数修正后的预测计算结果也存在一定的误差,需要再次修正。

概率积分法预测地表移动变形产生误差的原因是:① 预测参数的不准确,已通过基础参数的修正和理论公式的推导完成,故能排除。② 计算模型自身缺陷,在基础参数修正时用到了一些基本的地质条件数据,但是在概率积分法预测过程中,将整个模型的移动看成是随机变形,没有考虑覆岩结构及岩性组合特征,故此种原因有可能是误差产生的最根本原因。

4.2.3 预测模型的修正

在应用两个主要预测参数的确定方法之后,预测出的最大下沉值仍有 16.71% 的误差,根据前述分析,误差的另一个来源是预测模型自身所造成的。为了削减仍存在的预测误差,根据相邻工作面的实测数据,设想从最大下沉值的计算模型入手,在最大下沉值计算模型之后增加一修正函数项 $f(x)$,对各移动变形值的预测进行修正,即采取多项式法对其

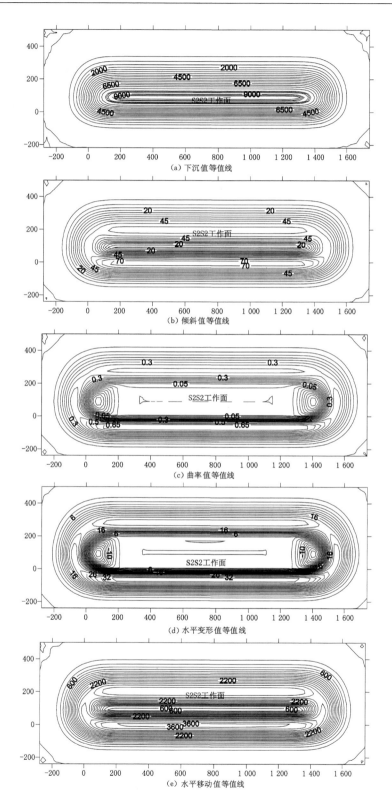

图 4.15 基础参数修正后预测 S2S2 工作面开采后的地表移动变形值

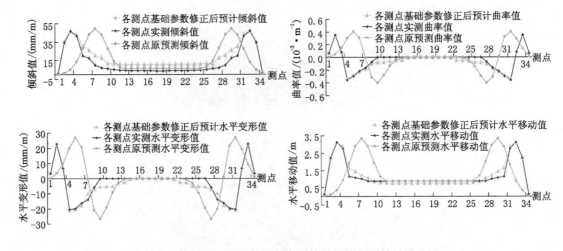

图 4.16　修正后的预测结果与实测结果和原预测结果对比图

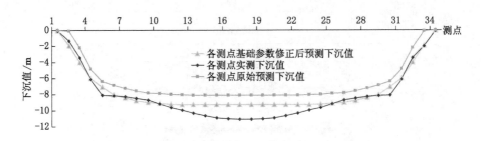

图 4.17　修正后的下沉值预测结果与实测结果和原始预测结果对比图

修正[150,151]。

　　具体方法是根据实际测量多个工作面的下沉值与基础参数修正后预测结果的下沉值之间的差值,将多个差值的计算结果取平均值,对最终的均值曲线采用 MATLAB 软件拟合成对应的函数公式,添加到基础参数修正后的下沉值预测结果中,完成概率积分法的下沉值计算模型修正。

　　(1)修正函数的推导方法

　　概率积分法的下沉值计算模型修正后计算公式如下:

$$W_{xz} = W_{yj} + f(x) \tag{4.13}$$

式中　W_{xz}——修正后的预测下沉值;

　　　　W_{yj}——概率积分法基础参数修正后的预测下沉值;

　　　　$f(x)$——修正项。

　　根据下沉值的多项式修正模型在$[0, +\infty]$区间的积分及其一阶或二阶导数进行计算,得到其他变形值的多项式修正计算模型。

　　倾斜值为下沉值的一阶导数,得到倾斜值为:

$$i(x) = W'_{xz} = W'_{yj} + f'(x) = \frac{W_0}{r} e^{-\pi \frac{x^2}{r^2}} + f'(x) \tag{4.14}$$

　　曲率值为下沉值的二阶导数,得到曲率值为:

$$K(x) = W''_{xz} = W''_{yj} + f''(x) = -\frac{2\pi W_0}{r^3} x e^{-\pi \frac{x^2}{r^2}} + f''(x) \tag{4.15}$$

由水平移动值与倾斜值之间的比例关系,得到水平移动值为:

$$U(x) = bri(x) = bW_0 e^{-\pi \frac{x^2}{r^2}} + br f'(x) \tag{4.16}$$

由水平变形值与曲率值之间的比例关系,得到水平变形值为:

$$\varepsilon(x) = br K(x) = -\frac{2\pi b W_0}{r^2} x e^{-\pi \frac{x^2}{r^2}} + br f''(x) \tag{4.17}$$

（2）修正函数项 $f(x)$

$f(x)$ 是由各测点实测下沉值与基础参数修正后预测下沉值之间的差值求取的,以 S2S2、N1S3、S2N1、N1S1 共计 4 个综放工作面为例,将 4 个综放工作面按照上述基础参数修正后的预测结果与实测做差值,各差值的结果求取均值,将均值曲线利用 MATLAB 软件进行回归拟合,4 个工作面各测点的实测下沉值与基础参数修正后的预测下沉值差值曲线图如图 4.18 所示。

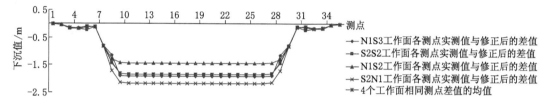

图 4.18　4 个工作面各测点实测下沉值与预测值之间差值的曲线图

由于曲线具有微小的双波峰、微小的双低谷和中间平滑的特性,采用一般多项式拟合线性关系较差,因此,在此选用 MATLAB 中三角函数算法对均值曲线进行拟合,拟合得出三角函数系数等级为 7 次,R 平方值为 0.996 8,拟合精度较高。拟合的曲线如图 4.19 所示。

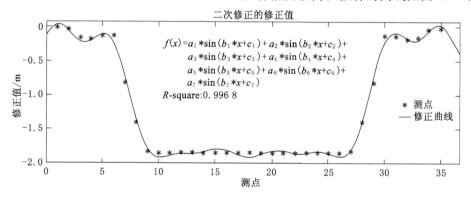

图 4.19　下沉值差值的均值拟合曲线图

其中 x 为各个测点,修正值的均值 $f(x)$ 为均值拟合曲线的函数值。

$$\begin{aligned}
f(x) = {} & 1.899\sin(0.084\,89x + 3.179) + 0.193\,6\sin(0.725\,1x - 2.12) + \\
& 0.227\,5\sin(0.468\,4x - 0.644\,3) + 0.914\,7\sin(0.343\,2x + 1.774) + \\
& 0.966\sin(0.316\,5x - 0.901\,8) + 0.886\,7\sin(1.186x - 0.928\,5) + \\
& 0.880\,8\sin(1.203x + 1.907)
\end{aligned} \tag{4.18}$$

（3）预测模型

根据上述求得的各移动变形值的计算公式和修正后的计算公式以及其一阶导函数 $f'(x)$、二阶导函数 $f''(x)$，结合地表最大下沉值的计算公式，得到修正后的各变形值计算公式。

$$
\begin{cases}
W(x) = \dfrac{W_0}{2}\left[\dfrac{2}{\sqrt{\pi}}\displaystyle\int_0^{\frac{\sqrt{\pi}}{r}x} e^{-u^2}\,\mathrm{d}u + 1\right] + f(x) \\[3mm]
i(x) = \dfrac{W_0}{r}e^{-\pi\frac{x^2}{r^2}} + f'(x) \\[3mm]
K(x) = -\dfrac{2\pi W_0}{r^3}x e^{-\pi\frac{x^2}{r^2}} + f''(x) \\[3mm]
U(x) = b W_0 e^{-\pi\frac{x^2}{r^2}} + br f'(x) \\[3mm]
\varepsilon(x) = -\dfrac{2\pi b W_0}{r^2}x e^{-\pi\frac{x^2}{r^2}} + br f''(x) \\[3mm]
W_0 = M - \left[\displaystyle\sum_{i=1}^{n-1}(k_i - 1)\cdot s_i + (k_n - 1)\left|H_m - \sum_{i=1}^{n} s_i\right|\right]
\end{cases}
\tag{4.19}
$$

将上述公式中的二维模型转化为三维地表移动变形值计算模型，即可求取地表受采动影响的各变形值。

（4）误差分析

按照上述方法计算得到 4 个综放工作面的下沉值，绘制下沉曲线对比图（图 4.20）。

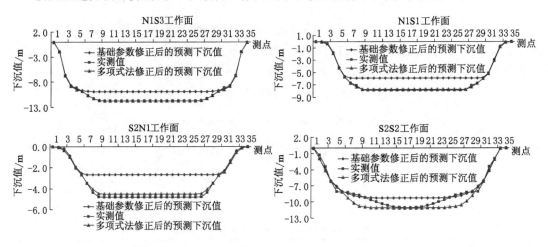

图 4.20　各综放工作面实测下沉值与两次修正预测下沉值对比图

由图 4.20 可以看出：基础参数修正后预测的下沉值与实测值之间的误差范围为 1.4～2.2 m，误差较大；利用多项式法修正后的计算模型预测已采工作面的下沉值与实测数据进行对比，得出下沉值的误差范围仅为 0.1～0.4 m，极大地减小了由计算模型自身带来的预测误差，修正效果较好。由此得出：利用概率积分法基础参数修正后的预测结果，结合多项式法修正计算公式，能够精准预测大平井田内煤层开采带来的地表移动变形大小。

4.3　地表移动变形规律及特征分析

坝体变形破坏的直接原因是地表移动变形引起的,分析首采面开采引起的移动变形是分析坝体移动变形和变形破坏的基础,因此,采用修正后预测模型,对坝下首采工作面的地表移动变形进行预测,预测结果为坝体的变形破坏推断提供数值转化依据。

4.3.1　预测输入参数

采用预测参数确定方法对首采面地表移动变形的输入参数进行计算。

（1）下沉系数

根据工作面的基础参数,由式(3.8)计算 S2S9 工作面的垮落带高度 H_m。

$$H_m = 4.21 + \frac{4.21}{1-1.6\times10^{-4}e^{1\times10^{-10}-2.8\times10^{-7}\times3}} + \frac{4.21}{1-2.4\times10^{-5}e^{2.5\times10^{-10}-8.9\times10^{-6}\times767}} +$$

$$3.98\times8.95 + \frac{4.21}{1-2.1\times10^{-4}e^{1\times10^{-10}-4\times10^{-6}\times277}} + \frac{4.21}{1-4.7\times10^{-5}e^{4.4\times10^{-11}-7.6\times10^{-5}\times2001}} +$$

$$\frac{4.21}{1-1.4\times10^{-4}e^{-1.5\times10^{-10}-1.2\times10^{-7}\times2.22}} = 60.59 \text{ (m)}$$

从开采安全角度考虑,岩石的各层残余碎胀系数取最小值进行计算,得出 S2S9 综放工作面的最大下沉值 W_0：

$$W_0 = M - \left[\sum_{i=1}^{n-1}(k_i-1)\cdot s_i + (k_n-1)\cdot \left| H_m - \sum_{i=1}^{n}s_i \right| \right] = 7.14 \text{ m}$$

下沉系数 q：

$$q = \frac{W_0}{M\cdot\cos\alpha} = \frac{7.14}{8.95\times\cos 7°} = 0.803$$

（2）水平移动系数

根据上述计算得到的最大下沉值,按式(4.12)可求得该工作面开采后地表移动变形的水平移动系数 b：

$$b = 0.000\ 4W_0^3 - 0.010\ 9W_0^2 + 0.097\ 6W_0 = 0.29$$

（3）开采影响传播角

大平矿煤层顶板为软弱岩层,覆岩岩性相关系数 k 取最大值 0.6,煤层倾角为 7°,开采影响传播角为 85.8°。

（4）主要影响角正切值

根据大平井田内覆岩性质和岩移观测站综合分析成果,确定大平矿软岩类地表岩移的主要影响角正切值为 2.0。

（5）拐点偏移距

工作面主断面采深 725.5 m,采空区倾向上、下边界采深分别为 767 m 和 684 m,计算得到采空区走向左、右边界的拐点偏移距分别为 62.74 m 和 62.74 m,采空区倾向上、下边界的拐点偏移距分别为 65.69 m 和 59.8 m。

由上述计算得到预测系统所需的 S2S9 工作面的地质采矿条件数据表和预测参数如表 4.6、表 4.7 所示。

表 4.6　S2S9 工作面地质采矿条件数据表

名称	数值	名称		数值
工作面	S2S9	采高/m		8.95
煤层倾角/(°)	7.0		推进长度/m	2 001
工作面长度/m	277	采空区	倾向上边界采深/m	767
走向主断面采深/m	725.5		倾向下边界采深/m	684

表 4.7　S2S9 工作面预测参数

名称		数值	名称		数值
下沉系数		0.803		走向方向	2.0
最大下沉角/(°)		85.8	主要影响角正切值	倾向上边界	2.0
开采影响传播角/(°)		85.8		倾向下边界	2.0
采空区拐点偏移距	走向左边界/m	62.74		走向方向	0.29
	走向右边界/m	62.74	水平移动系数	倾向上边界	0.29
	倾向上边界/m	65.69		倾向下边界	0.29
	倾向下边界/m	59.8			

4.3.2　地表移动变形预测分析

根据 S2S9 工作面的各个输入参数,结合修正后的预测方法,对 S2S9 工作面开采后的地表移动变形进行预测,预测得出的各变形值等值线图如图 4.21 所示。

根据上述各变形值等值线图(图 4.21),选取沿工作面推进方向中线位置各移动变形值的数据,设置测点间距为 20 m 的观测线,绘制测线上各测点的移动变形值曲线图(图4.22)。选取沿工作面倾斜方向中线位置各移动变形值的数据,绘制工作面中线位置各点的移动变形值曲线图(图 4.23),从两个方向上分别分析地表受采动影响后的移动变形规律。

由图 4.22 中可以看出:工作面推完地表下沉稳定后,地表中部位置形成平盆地,最大下沉值为 7.29 m。地表移动变形中曲率值和水平变形值最大点在工作面推进方向 240 m 处、380 m 处、1 640 m 处和 1 800 m 处,最大曲率值分别为 $0.298 \times 10^{-3}/\text{m}^{-1}$、$-0.239 \times 10^{-3}/\text{m}^{-1}$、$-0.24 \times 10^{-3}/\text{m}^{-1}$ 和 $0.344 \times 10^{-3}/\text{m}^{-1}$,最大水平变形值分别为 18.84 mm/m、$-16.55$ mm/m、-16.67 mm/m 和 22.25 mm/m,这些特征点区域内的地表变形破坏最大。

由图 4.23 中可以看出:倾斜方向上地表下沉也呈现一个盆地形态,由于工作面上、下边界采深不同(左侧为上边界,右侧为下边界,上边界比下边界埋深较深),所以左侧地表下沉速率比右侧大(中心位置对称对比相同位置左侧地表的下沉值也比右侧的大),整体下沉呈现不对称状态。地表最大下沉值位于工作面中心位置,为 7.29 m。

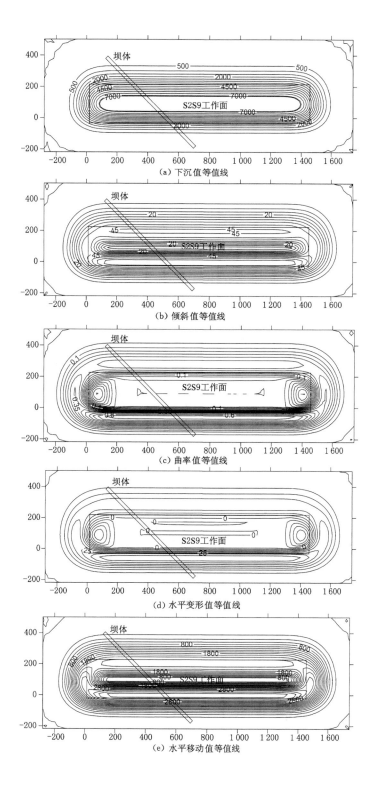

图 4.21 S2S9 工作面的各变形值等值线图

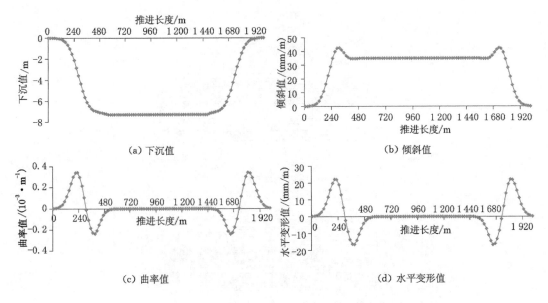

图 4.22　工作面推进方向上地表移动变形值

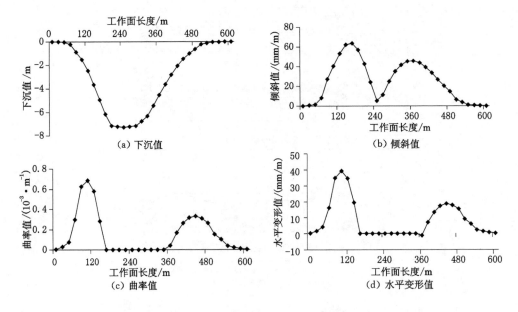

图 4.23　工作面倾斜方向上地表移动变形值

地表移动变形中曲率值和水平变形值最大点在工作面倾斜方向 100 m 处和 440 m 处，最大曲率值分别为 $0.687 \times 10^{-3} \cdot m^{-1}$ 和 $0.33 \times 10^{-3} \cdot m^{-1}$。最大水平变形值分别为 39.16 mm/m 和 18.72 mm/m。这些特征点区域地表变形破坏最大。

由上述沿工作面推进方向和倾斜方向上地表各移动变形值的特征得到：沿推进方向上，以中线位置为中心的地表各移动变形值均呈现对称分布形态；沿倾斜方向上，以中线位置为中心的地表各移动变形值均呈现不对称分布形态。

4.4　坝体移动变形规律及特征分析

根据库坝在首采面地表下沉盆地所处位置的移动变形值,分析坝体受地表移动影响段的移动变形规律和特征,并推断坝体变形破坏形式和可能的破坏高度。为后续研究提供基础依据。

以图 4.21 中修正后预测得出的地表各变形值数据为基础,将工作面中轴线作为基准,沿工作面方向,向两侧各延伸 288.5 m(工作面长度 277 m,两侧各 150 m),推算该区域内坝体沉陷稳定后坝体的移动变形值。沿坝基中部布设测点,工作面左侧端头设置起始点为 0,各测点间距 20 m,绘制各移动变形值的曲线图,如图 4.24～图 4.28 所示。

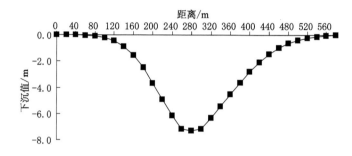

图 4.24　坝体下沉曲线图

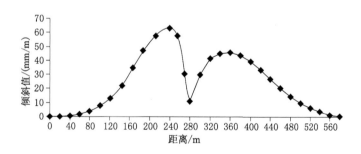

图 4.25　坝体倾斜变形曲线图

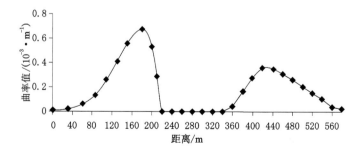

图 4.26　坝体曲率变形曲线图

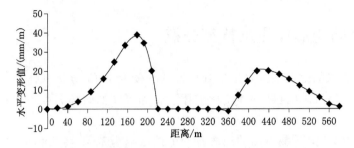

图 4.27 坝体水平变形曲线图

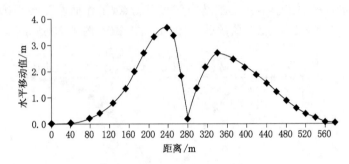

图 4.28 坝体水平移动曲线图

从图 4.24 中可以看出:坝体的最大下沉值位于工作面中心位置 280 m 处,工作面中心位置基本形成了平盆地,最大下沉值为 7.29 m。以坝体中心位置为基准点,坝体左侧各测点的下沉值相对右侧的下沉速率较大,下沉值也相对较大,是由于左侧煤层的埋深比右侧的较深,坝体两端头的下沉值最小,最小值为 0.001 m。

由于坝体高度为 7 m,坝下开采后地表的最大下沉值为 7.29 m,受采动影响,坝体和库水底部都会随着覆岩的垮落、弯曲、折断、压实而下沉。就下沉高度而言,最大下沉值超过坝高,局部坝顶将会沉降至坝基标高以下,坝体阻水功能完全失效,坝下开采严重威胁坝体的安全,坝体加固维修势在必行。

从图 4.25 中可以看出:坝体倾斜变形出现 3 个拐点位置,第 1 个拐点位置出现在 240 m 处(距工作面推进方向左帮 90 m),最大倾斜值为 63.86 mm/m,此处坝体的倾斜变形最大。第 2 个拐点位置出现在 280 m 处(距工作面推进方向左帮 130 m),倾斜值为 11.31 mm/m。第 3 个拐点位置出现在 340 m 处(距工作面推进方向左帮 190 m),倾斜值为 45.81 mm/m。由此可以推断出:坝体在工作面推进方向左帮 90 m 和 190 m 处坝体的变形最大,是坝体受拉伸或压缩变化的转折点。

从图 4.26 中可以看出:坝体各个测点的曲率变化出现 2 个峰值点,第 1 个峰值点位置出现在 180 m 处(距工作面推进方向左帮 30 m),最大曲率值为 $0.687 \times 10^{-3} \cdot m^{-1}$,第 2 个峰值点位置出现在 420 m 处(距工作面推进方向左帮 270 m),曲率值为 $0.33 \times 10^{-3} \cdot m^{-1}$。峰值点位置表示该处坝体的弯曲程度最大,坝体的变形破坏最严重。

从图 4.27 中可以看出:坝体各个测点的水平变形出现 2 个峰值点,第 1 个峰值点位置出现在 180 m 处(工作面推进方向左帮 30 m),最大水平变形值为 39.16 mm/m,第 2 个峰值点位置出现在 420 m 处(工作面推进方向左帮 270 m),水平变形值为 18.72 mm/m。水平变形出现的峰值点位置与曲率值出现峰值点的位置相同,该位置水平变形较大,说明 180 m 处和 420 m 处坝体的变形破坏最为严重,由于其值均为正值,表明坝体受到的是拉伸破坏。

从图 4.28 中可以看出:2 个水平移动值峰值点分别出现在 240 m(距工作面推进方向左帮 90 m)和 340 m 处(距工作面推进方向左帮 190 m),水平移动值分别为 3.55 m 和 2.53 m。

由上述坝体各移动变形值曲线图可以看出:由于工作面上、下边界(沿推进方向)的埋深差异造成各移动变形值均呈现不对称形态。

根据《"三下"规范》中对受采动影响的坝体允许变形值与极限变形值做出的规定(表 4.8),三台子水库坝体是无溢水设施的坝体,坝体允许水平变形值为 4.0 mm/m,距工作面左帮 30 m 和 270 m 的坝体水平变形值分别为 39.16 mm/m 和 18.72 mm/m,远远超过了规定中要求坝体的允许变形值,该区域内坝体的变形破坏程度严重危害了坝体安全,因此,如进行坝下开采时必须提前对坝体进行加固、防渗处理,才能保证坝下开采坝体的安全。

表 4.8　堤坝允许和极限变形值

特征	允许变形值			极限变形值		
	水平变形值 /(mm/m)	倾斜值 /(mm/m)	曲率值 /($10^{-3} \cdot m^{-1}$)	水平变形值 /(mm/m)	倾斜值 /(mm/m)	曲率值 /($10^{-3} \cdot m^{-1}$)
砖和混凝土				2.5		12.0
有溢水设施	6.0			9.0		
无溢水设施	4.0					

4.5　本章小结

(1)针对待采工作面地表最大下沉值难以确定的问题,提出了覆岩剩余自由空间高度等于地表最大下沉值的观点。基于垮落带高度和残余碎胀系数等数据,运用自行建立的垮落带高度计算公式和逻辑判断等方法,构建了待采工作面最大下沉值的计算模型。

(2)通过基础参数修正,解决了概率积分法预测结果收敛过快导致最终下沉影响范围明显小于实测结果影响范围的问题;为了削减仍存在预测误差,根据相邻工作面的实测数据,采用统计分析方法,得出修正预测模型的多项式函数,对比实测结果,得到下沉值的误差范围仅为 0.1~0.4 m,表明该方法减小了概率积分法预测结果由计算模型自身缺陷引起的误差。

(3)利用修正后的概率积分法得到各个地表移动变形值在工作面推进方向上均呈现对称的分布形态,在工作面倾斜方向上均呈现不对称的分布形态,推算得到坝体各个移动变形值均呈现不对称的分布形态。

(4)根据坝下首采面开采后的地表移动变形预测结果,推断距工作面左帮 30 m 和 270 m 处的坝体变形破坏最为严重,对应的最大曲率值为 $0.687 \times 10^{-3} \cdot m^{-1}$ 和 $0.33 \times 10^{-3} \cdot m^{-1}$,水平变形值为 39.16 mm/m 和 18.72 mm/m,远远超过了《"三下"规范》中要求坝体的允许变形值,该区域内坝体的变形破坏程度严重危害了坝体安全。

5 坝体变形破坏规律及特征的模拟分析

为了深入掌握坝体变形破坏过程、规律和特征,分别运用相似材料模拟和数值模拟方法进行分析,为坝体维修方案设计提供依据。

5.1 全尺寸模型的数值模拟分析

全尺寸模型是依据坝下首采面的地质条件,从煤层底板到上覆地表坝体所建立的包含全部岩土层的计算模型。以此模拟工作面推进过程中坝体的变形破坏情况,根据模拟结果得出的位移、应力和塑性破坏区域变化,分析坝体的变形破坏规律及特征。

5.1.1 模拟方案设计

利用数值模拟软件计算采动影响下的覆岩变形破坏特征的方法种类很多,而 FLAC³ᴰ 依据有限差分法,采用计算机三维技术模拟出三维形态下岩土体的空间关系和力学特性,实现对各种岩土工程条件下结构体的三维建模,对岩土工程中不同方案的应力分布、变形和破坏程度进行分析计算。由于其具有强大的数据处理功能,应用较为广泛,因此,在此选用 FLAC³ᴰ 数值模拟软件模拟坝下开采坝体的变形破坏过程,分析坝体的变形破坏规律及特征[152,153],模拟结果用于验证地表移动变形预测结果中推断坝体的变形破坏特征。

利用 FLAC³ᴰ 自身的本构模型(摩尔-库仑模型)对坝下首采 S2S9 工作面开采后坝体变形破坏进行模拟计算,分析工作面开采后坝体的变形破坏规律及特征。

根据 S2S9 工作面尺寸大小、煤层开采后预测的地表任意点移动变形值以及坝体受采动的影响范围(坝体长度 600 m),确定模型尺寸为长 2 300 m×宽 600 m×高 775 m(模型不包括坝体高度)。利用 Midas 建立数值模型,并进行网格划分(考虑计算机承载计算能力和计算耗时),为了能够较为详细地观察坝体内部的变形破坏,坝体网格设置最小尺寸为 5 m,以下岩土层的网格逐渐增大至 15 m,共计划分网格约 1.35×10^6 个。将建立好的计算模型进行格式转换后,再导入 FLAC³ᴰ 中,模型计算所需输入的参数见 2.1.2 节,覆岩层的结构、厚度和岩性参数见 3.5 节。根据上述设计所构建的数值计算模型如图 5.1 所示。

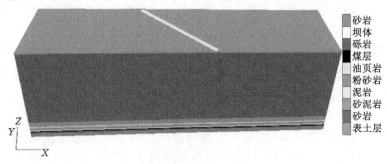

图 5.1 S2S9 工作面数值计算模型

在模型 X、Y 方向上两侧固定边界，Z 方向上底部固定边界，并在 X、Y 方向上施加梯度水平应力，坝体迎水坡侧施加 0.034 1 MPa 垂直应力作为水体载荷（3.41 m 深水体）。

由于模拟的主要目的是观察坝体随工作面推进的应力、位移和变形破坏变化规律及特征，为了节约运算时间，在工作面距坝体 300 m 之前，开挖步距设置为 100 m，之后开挖步距设置为 10 m（坝基尺寸为 36.08 m，可以观测坝体的变形破坏过程）。

在工作面中线位置上方地表布置一条长度为 2 000 m、测点间距为 10 m 的观测线，用于观测地表的变形破坏。在坝体中心位置沿大坝延伸方向布设一条长度为 570 m、测点间距为 20 m 的观测线，用于观测坝体的变形破坏。

5.1.2　坝体变形破坏规律及特征分析

根据不同开挖步距下监测的位移变化、应力变化和塑性变形破坏状态，从三个方面分别分析坝体的变形破坏规律及特征。

（1）位移变化分析

根据工作面推进过程中监测到地表受采动影响下各测点的下沉值，绘制工作面推进 2 000 m 过程中地表的下沉值变化曲线图，如图 5.2 所示。

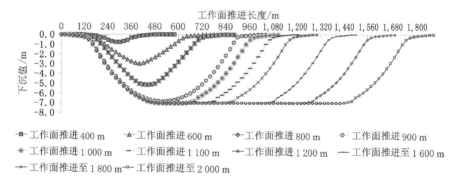

图 5.2　工作面不同推进长度时地表下沉曲线

由图 5.2 可知，随着工作面不断向前推进，地表下沉范围不断扩大，先呈现不规则形状逐渐增大，达到下沉稳定状态后，下沉区域随着工作面推进呈现基本相同的增大形态。

工作面推进 400 m 时（根据推进速度，真实开采时间 150 d），地表上覆形成一个尺寸较小的下沉盆地，最大下沉值为 0.79 m；工作面推进 600 m 时（243 d），地表下沉的盆地区域较原来增大，最大下沉值为 2.98 m；工作面推进 800 m 时（360 d），地表下沉的盆地区域继续增大，保持盆地形态，最大下沉值为 5.15 m；工作面推进 900 m 时（423 d），地表最大下沉值为 6.85 m；工作面推进 1 000 m 时，地表最大下沉值为 7.0 m，继续向前推至 1 200 m 时（570 d），地表最大下沉值不再增大，下沉盆地的中部出现平盆地形态，最大下沉值为 7.041 m，说明此时工作面已达到充分采动，工作面达到充分采动的推进距离为 1 200 m，用时 570 d。

根据工作面推至 2 000 m 时地表下沉的最终形态，对比概率积分法预测的下沉值，验证修正结果的准确性，对比曲线如图 5.3 所示。

由图 5.3 可以看出，数值模拟结果的最大下沉值为 7.041 m，概率积分法预测结果的最大下沉值为 7.29 m，两者相对误差仅为 0.249 m，误差较小。而且数值模拟地表下沉曲线

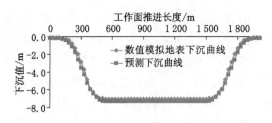

图 5.3　数值模拟地表下沉曲线与预测下沉曲线对比

各个时间节点上的变化趋势与修正后概率积分法预测结果基本相同,说明修正后的概率积分法预测结果较为准确,预测结果较好。

坝体随着工作面推进的下沉变化曲线如图 5.4 所示。

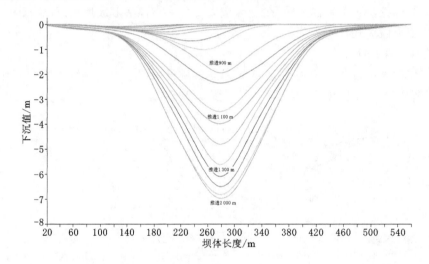

图 5.4　不同推进长度时坝体的下沉曲线

由图 5.4 可以看出,下沉从坝体左侧开始,各测点受工作面影响的初始阶段(沿工作面推进方向由坝体左侧端头开始对各个测点进行编号,测点间距 20 m),最大下沉值位置随着工作面的推进而向右移动,各测点的下沉值呈现逐渐增大的变化趋势,当工作面推进到一定阶段后,最大下沉值位置不再随着工作面的推进而向右移动。但各测点的下沉值随着工作面的推进继续增大,达到一定程度时不再发生变化。

在工作面推进至 900 m 之前,随着工作面推进,靠近工作面侧的坝体最先发生下沉变化,且最大下沉值随着工作面推进而向右移动(向工作面中心位置靠拢),在工作面推进至 900 m 时,地表最大下沉值为 2 m。当工作面过 900 m 继续向前推进的过程中,最大下沉值出现在工作面中心位置,不再向右移动,且工作面推进至 1 800 m 后整个坝体的下沉曲线基本不再发生变化,说明此时坝体各测点的移动变形达到稳定状态。

根据坝体中线位置测点随工作面推进的下沉值,绘制该点随工作面推进的下沉曲线,如图 5.5 所示。

由图 5.5 可以看出,受开采影响距离的限制,坝体在工作面开始开采阶段没有受到采动的影响,在工作面推进到 600 m 时坝体受采动影响出现 0.103 m 的下沉,随着工作面继续向前推进,坝体的下沉量逐渐增大,当工作面推进至 1 800 m 左右时,坝体中心位置达到充

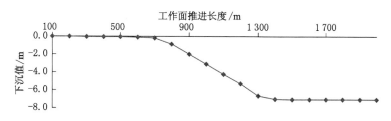

图 5.5　中线位置坝体的下沉变化曲线

分采动,坝体的最大下沉值为 7.041 m,不再随着工作面的推进而发生变化。在工作面推进
1 100 m 时坝体的下沉速率出现拐点(工作面推至背水坡侧坝体的坝脚位置),此时坝体的
最大下沉值为 4.21 m。

　　根据工作面推完 2 000 m 后坝体的最终下沉形态,绘制坝体各个测点的下沉曲线(沿工
作面推进方向由坝体左侧端头开始对各个测点进行编号,测点间距 20 m),如图 5.6 所示。

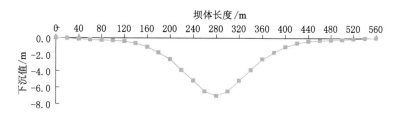

图 5.6　坝体最终的下沉曲线图

　　由图 5.6 中坝体的下沉曲线可知:坝体在工作面采动影响结束后,最大下沉位置位于坝
体中心位置,最大下沉值为 7.041 m。其中 140～180 m 和 380～420 m 范围内(工作面中心
位置两侧 100～140 m)的坝体下沉速率转变较大(拐点在其范围内),180～260 m 和 300～
380 m 范围内(工作面中心位置两侧 20～100 m)坝体下沉曲线的斜率最大。工作面两端头
侧坝体的最大下沉值为 0.01 m,受采动影响较小,可得工作面开采对坝体单侧的影响范围
约 280 m。

　　(2)应力变化分析

　　根据坝体变形破坏的位移变化分析结果可知:坝体受采动影响从距坝体 600 m(坝体中
心位置最大下沉值 0.103 m)开始,为了能够说明坝体受采动影响变形破坏的全部过程(由
于土体发生变形破坏后其塑性破坏区域无法恢复至原始状态,为了更好地说明坝体的变形
破坏过程,选择坝体达到第一次达到全部塑性破坏时作为重点分析对象),依据中线位置坝
体移动变形的各个特征点,选择工作面推进长度分别为 500 m、600 m、700 m、800 m、
850 m、900 m、910 m、920 m、930 m 和 2 000 m 共计 10 幅应力变化云图,分析坝体的变形破
坏规律及特征,如图 5.7 所示。需要说明的是:图中左侧为迎水坡,右侧为背水坡。

　　由图 5.7 中的应力变化云图可以看出:当工作面推进 500 m 时,在坝体背水坡侧坝脚附
近高度为 2.11 m、长度为 7.2 m 的范围内出现应力集中现象,最大应力值为 0.32 MPa,主
要为拉应力。坝顶以下约 1.4 m 的范围内出现了应力集中,最大应力值为 0.36 MPa,也为
拉应力。而其他区域则呈现压应力状态,应力最大区域分布在坝体中部偏迎水坡的位置,最
大应力值为 -0.5 MPa。

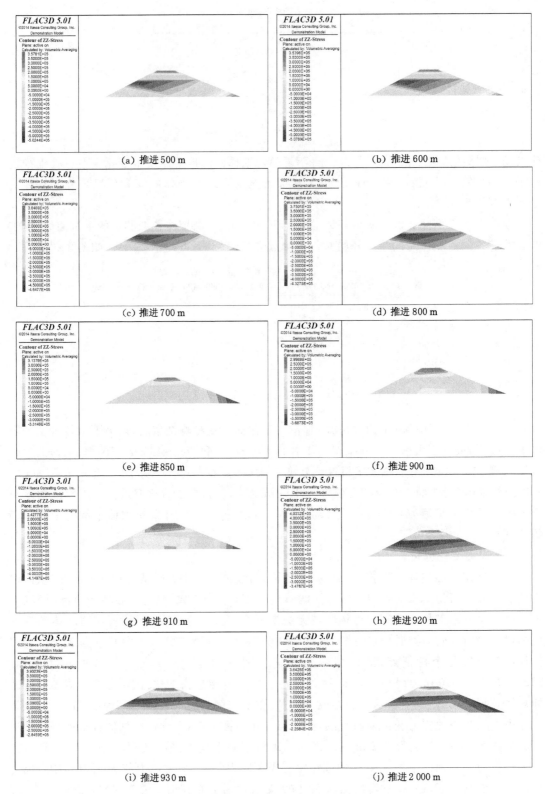

图 5.7　不同推进距离时坝体(中心位置)的应力变化云图

当工作面推进 600 m、距观测点 300 m 时,坝体背水坡坝脚处的拉应力集中区面积减小至高 1.78 m 和长 7.2 m 的范围内,且最大应力值降低至 0.29 MPa。坝顶位置的应力集中区域和最大应力值基本未发生变化。其他位置仍呈压应力状态,坝体中部的应力集中区面积略微增大,最大应力值增大至 -0.51 MPa。

当工作面推进至 700 m 时,坝体背水坡侧坝脚处应力集中区域和最大应力值基本未发生变化。坝顶位置的应力集中区域大小和最大应力值也基本未发生变化。其他位置的应力值依然为负值,迎水坡侧中部位置的应力集中区域基本未发生变化,应力最大值略微降低至 -0.46 MPa。

当工作面推进至 800 m 时,坝体背水坡和坝顶位置的应力集中区域和最大应力值基本未发生变化。迎水坡侧坝脚位置出现小范围的应力集中区域,最大应力值也由 -0.004 MPa 转化 0.091 MPa(压应力转化为拉应力)。迎水坡侧中部位置的应力集中区域基本未发生变化,应力值略微降低至 -0.43 MPa。

当工作面推进至 900 m 时,坝顶位置应力集中区域和最大应力值基本未发生变化。背水坡侧坝脚位置出现应力集中(高 4.8 m,长 11 m),应力由拉应力转化为压应力,最大应力值为 -0.33 MPa。坝体中心位置(坝基)出现应力集中(高 2.1 m,长 19 m),应力由压应力转化为拉应力,最大应力值为 0.068 MPa,迎水坡坝脚位置也处于拉应力状态。

当工作面推进至 910 m 时,背水坡侧坝脚位置应力集中区域基本未发生变化,最大应力值增大至 -0.36 MPa。坝体中心位置应力集中区域略微增大(高 2.8 m,长 19 m),最大应力值由 0.068 MPa 增大至 0.1 MPa,迎水坡坝脚位置保持在拉应力状态。

当工作面推进至 920 m 时,背水坡侧坝脚位置应力集中区域基本未发生变化,最大应力值增大至 -0.41 MPa。坝体中心位置应力集中区域高度增大至 4.2 m,长度降低至 14 m,最大应力值增大至 0.12 MPa。而迎水坡坝脚位置应力由拉应力转化为压应力,最大应力值为 -0.08 MPa。

当工作面推进至 930 m 时,坝体背水坡侧坝脚位置应力集中区域转移至迎水坡侧中部位置(高 5 m,长为整个坝体截面长度),坝体中部位置应力由拉应力转化为压应力,整个区域均为压应力状态,最大应力值为 -0.35 MPa。

当工作面再向前推进至 2 000 m 的过程中,坝体背水坡侧坝脚处应力值增大速度大于迎水坡侧(最大应力值大于迎水坡侧),坝体处于压缩状态(背水坡侧压缩力大于迎水坡侧)。

(3)塑性变形破坏分析

根据工作面不同推进长度下的坝体受力分析结果,分析坝体的变形破坏规律及特征,坝体塑性变形破坏云图如图 5.8 所示。

由图 5.8 可以看出,工作面推进 500 m 时(距坝体中心位置 600 m),坝体两侧坝脚位置均出现了拉伸变形破坏,这是由于坝体受到工作面采动影响,下部表土层下沉,坝脚随之下沉过程中破坏了坝体的整体结构。坝体顶部的拉伸破坏是受到两侧土体滑移产生的。

工作面继续向前推进至 920 m 的过程中,坝体的塑性破坏云图均未发生变化,直到工作面推进至 2 000 m 时,整个坝体均处于拉伸破坏状态,产生此破坏过程的原因是坝体内部各个位置受采动影响,土体应力在拉应力和压应力之间转化(达到土体的抗剪强度),破坏了土体结构。而塑性破坏云图发生改变较小的原因是计算网格划分过大,坝体内部细微的变

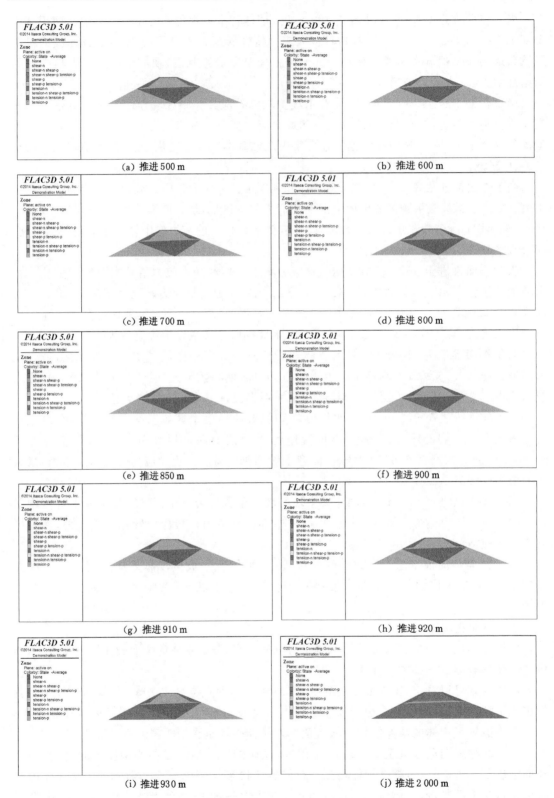

图 5.8　不同推进距离时坝体(中心位置)的塑性破坏云图

形破坏无法精细显示。因此,如果要深入了解坝体受采动影响的变形破坏规律及特征,必须细化网格或简化模型尺寸,重新模拟坝体随工作面推进过程中的移动变形特征。

5.2 简化模拟方法的构建

5.2.1 简化模拟方法的提出

由于采用计算机数值模拟坝下首采 S2S9 工作面开采过程中坝体的变形破坏,按照模型尺寸(工作面长 277 m,推进长度 2 001 m,埋藏深度 725 m),计算模型的体积至少为 4.02 亿 m³,网格划分按照正方体边长平均为 1 m、2 m、3 m、4 m、5 m 计算,得到的网格数分别为 402 000 000 个、50 231 353 个、14 883 364 个、6 278 919 个和 3 214 806 个。根据现有的软硬件条件,按照求解时间与网格数大致呈 $N^{4/3}$ 的正比关系,完成一次边长为 5 m 单元网格模型的开挖计算所需时间约为 6.8 d。如果按照工作面每天推进 3.2 m 计算,完成整个模拟需要的时间之长是非常惊人的。而且坝体横截面仅有 6 个网格,根本无法精确观测坝体的变形破坏。

而如果利用相似材料模拟坝下首采 S2S9 综放工作面开采过程中坝体变形破坏,由于坝体的高度为 7 m,煤层平均埋深为 725 m,按照相似材料模拟 1∶100、1∶200、1∶300 和 1∶400 的相似比计算,模拟对比出坝体的高度分别为 7 cm、3.5 cm、2.33 cm 和 1.75 cm;整个模型的高度(没包含煤层底板)至少需要为 7.25 m、3.625 m、2.417 m 和 1.813 m,对比以上模型尺寸,建立至地表和大坝的全尺寸模型过大,现有装置满足不了如此大尺寸的模型。另外,坝体横断面相对于全尺寸模型而言,尺寸又过小,难以对坝体变形破坏做详细的观测。

从全尺寸数值模拟和全尺寸的相似材料模拟建模分析可知:对于坝体高度与煤层埋藏深度比值较大,常规的相似材料模拟和数值模拟难以实现观测坝体的变形破坏,因此,需要探索一种能够快速、精准的观测坝体变形破坏的研究方法,为坝下开采坝体维修方案设计提供理论指导依据。

坝下煤层开采后,采空区覆岩的移动变形自下而上,首先波及坝体周围的地表及坝基,然后带动坝体一起移动变形。在此过程中,由坝体与下沉盆地的位置关系可知,坝体各部分移动变形的顺序和大小是不同的。

将上述覆岩变形破坏的传递过程进行分解,分为两个部分:一是工作面开采引起的覆岩及地表的移动变形,得到随工作面推进形成不同尺寸的下沉盆地;二是逐渐扩大的下沉盆地带动的坝体移动变形,得到随下沉盆地不断扩大的坝体不同部位的移动变形。

设想如果能够舍去工作面开采和下沉盆地形成这一过程,按照下沉盆地形成的过程直接开挖盆地,从而观测分析坝体的移动变形和破坏,将会大大缩小模型尺寸、减少运算时间和提高小目标的分析精度(图 5.9)。

实现这一设想的关键:一是构建一个能够准确再现地表及坝体移动变形的数值模型;二是如何把下沉盆地形成的过程进行分解,形成与工作面推进步长对应的盆地挖掘量。

工作面推进步长对应的下沉盆地可以由概率积分法修正计算模型和全尺寸数值模拟得出,通过地表各点移动变形大小进行时空序列反演,推算出坝体的变形破坏。

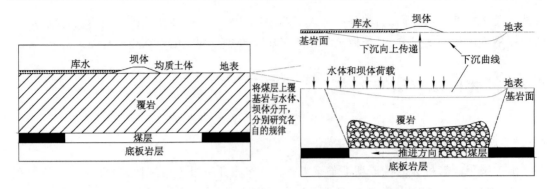

图 5.9　坝下开采覆岩及地表移动变形过程分解示意图

5.2.2　简化模拟的模型构建及实施步骤

为了实现以上设想,开展以下几个方面的探讨。

(1) 模型的构建

由图 5.9 可以看出:如果直接在地表即坝体底界面进行开挖,坝体也随开挖方式和开挖量的大小立即发生相应的移动变形,甚至破坏。这与深部工作面开采引起的缓慢、连续变形不相符,不能真实反映坝体的实际变形破坏过程,此时,坝体的变形破坏严重偏离了真实的移动变形过程,其结果不可取。

为解决这一问题,使模拟能够再现煤层开采引起的坝体变形破坏,考虑在地表以下保留一定厚度的缓冲岩土层,避免地表直接开挖带来的一系列问题(图 5.10)。

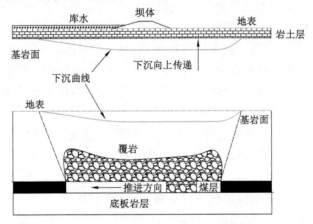

图 5.10　改进后的简化分析方法

保留岩土层厚度的确定,需要考虑两方面的问题:一是如果厚度过大,将不能按照地表形成的盆地进行开挖,而且该深度的总体挖掘量和形状也难以确定;二是如果厚度过小,地表和坝体的变性破坏将出现浅埋煤层特征,不能再现缓慢连续变形的情况。

根据采空区覆岩变性破坏的"三带"结构,留设的岩土层厚度至少要大于垮落带的高度,才能保证地表不切冒。如前所述,首采面的垮落带高度约为 61 m,在此深度之下按照地表盆地进行开挖,将在地表形成面积增大、深度减小的盆地,引起的坝体变形破坏将发生较大的改变,难以准确地揭示坝体的实际变形破坏。

为了能够按照地表下沉盆地的形状进行挖掘,考虑留设较小厚度的岩土层,在岩土层下布置一层具有足够韧性和柔性的材料,保证岩土层的移动变形缓慢连续,实现模拟坝体实际变形破坏过程的目的。

该层材料的选取,应能保证与开挖形成的新表面紧密接触,而且其上的岩土层也随之移动和变形。另外,开挖步距也应足够小。

（2）开挖方式

用于挖掘的盆地可以选取由全尺寸数值模拟得出的下沉盆地,或者由地表移动变形预测得出的下沉盆地。开挖步距可分成两部分:一部分是在坝体下沉之前设置较大的步距,另一部分是在坝体下沉之前一定距离设置较小步距(图 5.11)。按照相邻两次开挖曲面之间的中上部厚边缘薄形成的曲面体进行每次的开挖。

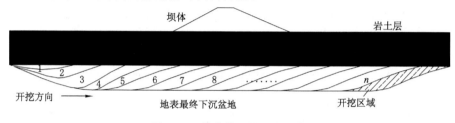

图 5.11 简化模型的开挖顺序

（3）简化模拟分析的实施步骤

① 依据概率积分法和数值模拟计算出煤层开采后地表的最终下沉盆地,选择最大盆地作为开挖盆地的大小。模型的长宽高依据下沉盆地的影响范围以及工作面尺寸和地表构筑物之间的比值进行确定。

② 按照数值模拟计算结果中不同推进长度时地表下沉曲线影响范围确定开挖范围,对模型中的下部岩土进行开挖,并随时观察地表的移动变形。开挖速度依据工作面的推进速度进行确定。

③ 针对模拟结果中不同推进距离下的地表下沉曲线,逐次进行开挖、观测、记录坝体内部变形破坏特征和开挖尺寸等工作,直至坝体移动变形稳定。

④ 根据各阶段坝体内部的变形破坏状态,总结分析随着工作面推进过程中,地表下沉引起的坝体内部变形破坏规律和特征。

5.3 简化相似材料模拟分析

根据简化模拟方法的内涵,结合地表移动变形预测结果和全尺寸数值模拟得到的工作面推进长度与地表移动变形量之间的时空演化关系,建立简化相似材料模型,仿照工作面煤层开采对曲线内部的岩土体进行开挖,一直挖至下沉盆地的边界。并对整个开挖过程的坝体变形破坏进行观测,分析坝体变形破坏的规律和特征。

5.3.1 模拟试验方案设计

（1）试验原理及内容

相似材料模拟试验需要满足外观形状的几何相似比、移动变形过程的运动相似比和现场实际环境的动力相似比三个方面的条件,才能还原坝体实际变形破坏的过程。

根据上述三个方面的相似准则,依据首采面的地质采矿条件,将煤岩的各项物理力学指标换算成模型的相似指标,建立相似材料模拟试验模型。根据坝下开采坝体变形破坏简化分析方法的内涵,对坝体变形破坏进行模拟分析,观测坝体变形破坏状态,利用所得结果凝练出坝体的真实变形破坏规律及特征,为坝体的维修方案设计提供依据。

简化相似材料模拟的目的:一是得出大坝内部土体的变形破坏规律及特征,为维修方案设计提供依据;二是检验简化模拟的可行性;三是为简化模型的数值模拟提供基础参数。

(2)试验平台

通常,试验平台都采用10:1的长宽比,例如 YDL-YS200 试验平台和青岛乾坤兴工贸有限公司的试验平台[157,158],按此比例自行设计制作了一套相似材料试验平台。根据坝体的尺寸、地表下沉盆地的深度和范围以及前述面向构建的要求,确定自制试验平台的尺寸为长 200 cm×宽 20 cm×高 60 cm,试验平台整体框架采用钢结构焊接而成,内侧填充平面粘贴雪弗板保持平台的光滑度,试验平台观测正面安装 10 mm 厚的钢化玻璃,玻璃上覆粘贴0.5 cm×0.5 cm 网格尺度线,便于试验过程中膏体填装和各变形值的观测。制成的试验平台如图 5.12 所示。

图 5.12　自制模拟试验平台

(3)模型设计与制作

按照模拟对象的具体条件、地表下沉盆地尺寸和前述模型构建方法,沿垂直坝体走向的方向建立相似材料模拟模型。参照三个方面的相似比准则,确定实际地质模型与相似材料模拟的模型长度比为 $\alpha_L=200$,强度比 $\alpha_\sigma=270$,时间比为 $\alpha_t=14.1$。为了保证模型效果的质量,确定开挖体上覆留设 30 m 的岩土层(表土层 20 m,下伏砂岩段 10 m)。模型填装由岩土层和开挖体两部分组成,岩土层的填装尺寸为长 200 cm×宽 20 cm×高 22.145 cm;开挖体的填装尺寸为长 20 cm×宽 2 cm×高 3.645 cm。坝顶、坝基宽度分别为 2.5 cm 和18.04 cm,迎水坡和背水坡坝体斜坡的角度分别为 22°和 27°(图 5.13 中坝体右侧和左侧)。

试验中模拟的开挖体采用长方体木条替代,木条的尺寸依据相似比确定,分别为长20 cm×宽 2 cm×高 0.405 cm 和长 20 cm×宽 1 cm×高 0.405 cm,为了能够再现地表移动变形的下沉曲线,木条之间的搭接交错进行,便于开挖体形成下沉盆地(图 5.13)。

试验模型中各岩土体指标换算以岩土层的密度和抗拉强度作为主要对照指标,其次为弹性模量和泊松比。按照强度相似比对坝体和坝下岩土体的物理力学指标进行换算,然后根据计算结果,从《辽宁工程技术大学矿业学院采矿综合实验书》中查找出各项指标对应的

图 5.13　开挖体铺设设计

各岩土体换算指标及材料配比号(表 5.1),材料配比号如表 5.2 所示。

表 5.1　各岩土体换算指标及材料配比号

层号	岩石名称	实际层厚/m	模拟层厚/cm	抗压强度/MPa	模型抗压强度/kPa	配比号
1	大坝土体	7	3.5	0.001 05	0.004	673
2	表土	20	10	0.001 05	0.004	673
3	砂岩	10	5	0.23	0.9	655

表 5.2　材料配比号

配比号	砂胶比	胶结物		水	视密度/(g/m³)
		石灰	石膏		
655	6∶1	0.5	0.5	1/9	1.5
673	6∶1	0.7	0.3	1/9	1.5

为了提高试验精度、保证试验效果更佳,模型进行分层填装,开挖体采用木条进行逐层摆放,保证平整紧密。开挖体上覆每层厚度为 0.5 cm,按照各岩土体的配比号进行逐层单独配比填装、压实。模型制作好后,需要等待大约 2 d 时间,待模型干燥,模拟强度达到预计强度时进行开挖。填装完毕的模型如图 5.14 所示。

图 5.14　相似材料模型

（4）开挖方案

根据工作面不同推进距离下的地表移动变形范围和模型自身长度，设计模型两端留设 20 m 作为边界限制条件，模型共计开挖 35 次，单次最大开挖长度为 10 cm，最小开挖长度为 2 cm，单次开挖以地表下沉达到稳定状态为基准，开挖方式按照工作面的推进方向进行开挖（从左向右进行开挖），模型开挖的顺序和范围如图 5.15 所示。

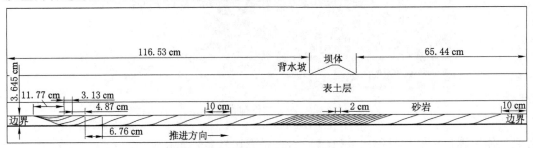

图 5.15　模型开挖的顺序和范围

5.3.2　坝体变形破坏规律及特征分析

按照上述开挖步骤和开挖范围，对模拟岩层下部的木条进行开挖，观测坝体的移动变形特征。依据影响相似材料模拟过程中坝体移动变形的各个特征点位置选取推过坝体背水侧坝脚 24 m、28 m、38 m、52 m、58 m、64 m、84 m、104 m、124 m、144 m 共计 10 个剖面分析坝体的变形破坏规律及特征。10 次开挖的移动变形结果如图 5.16 所示。

从图 5.16 中开挖 10 次的坝体整体移动变形曲线，绘制坝体开挖 10 次后的移动变形对比图（虚线为坝体的原始轮廓线，实线为坝体的变形破坏轮廓线），如图 5.17 所示。

由图 5.16 和图 5.17 可知：工作面推过坝体背水坡侧坝脚 28 m 前，坝体保持原始形态，未发生移动变形。当工作面推过背水坡侧坝脚 38 m 时，背水坡侧坝脚受下部表土层的下沉影响，产生水平变形，造成拉伸破坏，背水坡侧坝脚位置出现高 10.5 m（距坝脚 7 m 位置，宽 3 m）和高 2.5 m（距坝脚 12 m 位置）的纵向裂纹，坝体开始向背水坡侧倾斜变形。

当工作面推过背水坡侧坝脚 52 m 时，受采动影响，下部砂岩段出现离层现象，坝体中部位置和迎水坡侧坝脚下部出现自由下沉空间，开始向背水坡侧倾斜变形，对背水坡侧施加压力，致使背水坡侧裂纹（距背水坡坝脚 7 m 位置）逐渐被压，出现裂纹闭合、减小的现象，裂隙降低至高 5.5 m，坝体向背水坡侧倾斜变形量增加。

当工作面推过背水坡侧坝脚 58 m 时，坝体中部和迎水坡侧下部的岩土层下沉量增大，处于悬臂状态下的坝体开始向背水坡侧发生倾斜变形，此时背水坡坝体受到下部自由空间的拉伸作用，产生拉伸破坏，坝体中部位置和迎水坡侧坝体向背水坡侧倾斜，产生挤压力，致使坝体背水坡侧的裂隙闭合。

当工作面推过背水坡侧坝脚 64 m 时，背水坡侧坝体受到下部岩土层下沉后自由空间的拉伸作用，向下弯曲变形，产生拉伸变形破坏。坝体中部位置和迎水坡侧坝体向背水坡侧倾斜变形，迎水坡侧坝体倾斜变形较大，迎水坡坝脚区域产生拉伸破坏。

当工作面推过背水坡侧坝脚 84 m 时，背水坡侧坝体继续向下倾斜变形，达到最大破坏区域。坝体中部位置和迎水坡侧坝体向坝体的倾斜变形达到最大，但坝体中部位置未出现

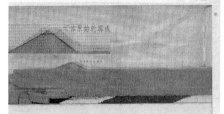

(a) 推过坝体背水侧坝脚24 m

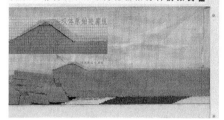

(b) 推过坝体背水侧坝脚28 m

(c) 推过坝体背水侧坝脚38 m

(d) 推过坝体背水侧坝脚52 m

(e) 推过坝体背水侧坝脚58 m

(f) 推过坝体背水侧坝脚64 m

(g) 推过坝体背水侧坝脚84 m

(h) 推过坝体背水侧坝脚104 m

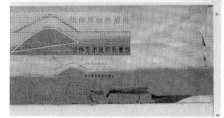

(i) 推过坝体背水侧坝脚124 m

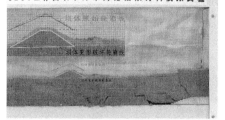

(j) 推过坝体背水侧坝脚144 m

图 5.16　不同推进长度下坝体的变形破坏图

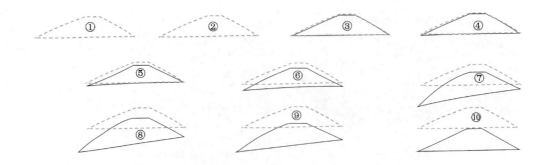

图 5.17　不同推进长度下坝体移动变形对比图

裂隙,说明此处坝体未发生拉伸破坏,还处于压缩状态。迎水坡侧坝体的变形量增大,说明其发生拉伸破坏的区域也在增大。

当工作面推过背水坡侧坝脚 104 m 时,背水坡侧坝体倾斜度不再增加,趋向于变小,对坝体中部和迎水坡侧坝体移动产生限制作用,因此产生挤压力,附近一定范围内的坝体由拉伸变形转化为压缩变形。坝体中部位置和迎水坡侧坝体开始向迎水坡侧倾斜变形,但坝体中部位置发生倾斜的变形量大于迎水坡侧,说明坝体中部和迎水坡交界处一定范围内出现拉伸变形破坏,迎水坡侧坝体由拉伸变形破坏状态转化为压缩变形。

当工作面推过背水坡侧坝脚 124 m 时,背水坡侧坝体继续向坝体中部和迎水坡侧挤压,坝体中部位置下部的自由空间增大,倾斜变形也随之增大,继续保持拉伸变形状态。迎水坡侧坝体随着下部表土层的下沉,保持着压缩变形的状态。

当工作面推过背水坡侧坝脚 144 m 时,坝体背水坡侧坝脚和迎水坡侧坝脚标高基本相等,此时坝体的最大下沉量为 7 m,坝体较原始状态呈现为均匀下沉状态,坝体和下部岩土层中的裂隙趋于闭合,拉伸变形消失,整个坝体呈压缩变形状态。

由上述采动影响过程可以看出:坝体经历了一个从拉伸变形破坏到压缩-还原的变化过程,只是各部位出现拉伸-压缩转变过程的时间节点不同,受采动影响开始阶段背水坡侧坝脚先经历拉伸变形破坏,其次为迎水坡侧坝体,最后为坝体中部位置。经历由拉伸转变为压缩的过程也是由背水坡侧坝体开始,其次为迎水坡侧坝体,最后为坝体中部位置。

坝体最终的下沉值为 7 m,开挖部位的开挖体高度为 7.29 m,由于上覆存在着 30 m 高的岩土层,根据岩土层破坏后的最小残余碎胀系数 0.01,可得坝体的最终下沉值应为 6.99 m,仅与坝体的实际观测下沉量相差 0.01 m,误差较小,验证了简化相似材料模拟对于坝体的下沉模拟是可行的、合理的。

上述坝体的变形破坏过程经历了工作面采动后地表下沉曲线的各个位置,符合地表移动变形特征,也证明了简化模型分析方法具有一定科学性和合理性。

5.4　简化数值模拟分析

根据简化模拟方法的内涵,结合地表移动变形预测结果和全尺寸数值模拟得到的工作面推进过程中地表的下沉盆地,通过浅部开挖下沉盆地,模拟坝体受采动影响下的变形破坏规律及特征,模拟结果为坝体的维修方案设计提供数据支撑。

5.4.1　模拟方案设计

坝下开采坝体变形破坏数值模拟依然选用 FLAC^{3D} 数值模拟软件,模拟方案设计共分为模型建立、模型设置、开挖方案和测点布置 4 个部分。

（1）模型建立

依据简化相似材料模型尺寸大小和地表移动变形预测影响范围确定模型的尺寸为 600 m×2 300 m×87 m(地表移动变形预测结果中沿工作面方向上影响坝体的最大范围约为 570 m,沿工作面方向设计尺寸为 600 m;模型高度依据简化相似材料模拟试验中坝体下伏留设 30 m 厚的岩土层,中部留设开挖体,开挖体下伏留设 40 m 左右岩土层用于消除底板对开挖体的影响,设计模型高度为 87 m)。

由于地表移动变形预测结果的最大下沉值为 7.29 m,全尺寸数值模拟计算得到的最大下沉值为 7.041 m,相似材料模拟得到的最大下沉值为 7 m,对比以上可得地表移动变形预测结果中坝体的变形破坏最大,为了保证维修方案具有可靠性和开采过程中坝体的安全,选择地表移动变形最终的下沉盆地作为开挖体的整体结构。

由于坝体中心位置距工作面切眼距离为 1 100 m,工作面推进距坝体 200 m 时,地表已达充分采动,再向前推进时开挖体为地表移动变形增大区域。模型的开挖尺寸依据工作面与坝体中心位置之间的距离而划分成两种:一种是当工作面与坝体中心位置距离大于 200 m 时,开采还没有对大坝产生影响,为节约运算时间选择工作面推进 100 m 时地表移动变形范围作为开挖步长;另一种是间距 200 m 以内时,为深入观测坝体变形破坏选择工作面推进 5 m 时地表移动变形范围作为开挖步长。开挖体的大小依据工作面不同推进长度下地表移动变形范围进行确定。

利用概率积分法预测坝下工作面开采后地表任意点的下沉值,将任意点的下沉值对应的三维空间坐标导入 Midas 建模软件中[154,155],利用软件自身的点-面耦合计算,绘制出开采坝下工作面地表移动变形的下沉盆地。根据下沉盆地的大小选择数值模拟计算所需的模型尺寸 600 m×2 300 m×87 m,将下沉盆地从模型中分割出来,在开挖体中分割出工作面方向和推进方向均为曲面的开挖步距(按开挖尺寸划分),然后按照工作面的推进方向对开挖体依次进行分割,图 5.18 所示为地表移动变形预测得到的三维下沉值生成的下沉盆地和全尺寸模拟中工作面不同推进长度得到的开挖曲面切割图。

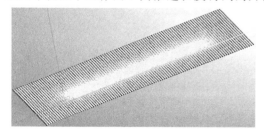
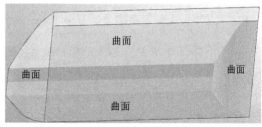

图 5.18　三维下沉值生成的下沉盆地和开挖曲面切割

将划分好的模型相邻结构单元进行布尔运算,使得网格划分时相邻面的网格线能够相互连通,运算时应力传递流畅、均匀。利用 midas 对模型进行划分网格,坝体的最小单元格划分为 1 m,坝体下伏的岩土体最大单元格为 5 m,共计划分 350 万个混合网格(图 5.19)。

图 5.19　网格划分

把建立好的计算模型进行格式转换后,代入 FLAC³ᴰ中进行开挖计算。模型计算所需输入的工作面相关参数由 2.1.2 节可知,覆岩层的结构和岩性参数见表 3.5。

（2）模型设置

在水平方向上施加梯度应力,坝体迎水坡侧 3.41 m 深水体施加 0.034 1 MPa 垂直应力作为水体载荷。

（3）测点布置

在大坝走向方向的坝体中心线上布置 114 个观测点,测点间距为 5 m,测线长 570 m。并在各测点处设置坝体观测横截面,用以分析坝体各截面的位移、变形、应力和破坏规律及特征。坝体与工作面之间的位置关系如图 5.20 所示。

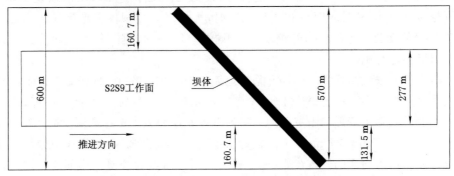

图 5.20　坝体沿走向方向上的位置关系

5.4.2　坝体变形破坏规律及特征分析

观测不同开挖步距下坝体的位移变化、应力变化和塑性破坏,分别分析坝体的变形破坏规律及特征,为坝体维修方案设计提供理论依据。

（1）位移变化分析

根据工作面不同推进长度下的模拟计算结果,提取坝体测线中点随着工作面开采的监测数据,绘制坝下开采坝体随开采变化的下沉曲线,并对工作面不同推进长度下的地表下沉曲线汇总,分析采动引起坝体移动变形的规律及特征。图 5.21 为工作面不同推进长度时坝体中线位置测点的下沉曲线图。

由图 5.21 可以看出:工作面推进 470 m 时(距坝体测线中点 630 m),坝体开始受采动影响,此时坝体中心位置的最大下沉值为 0.092 m;推进至 1 800 m 时(推过坝体测线中点

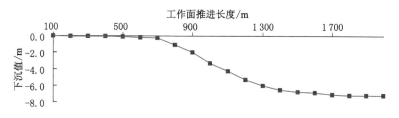

图 5.21　工作面不同推进长度下坝体（中心位置）的下沉曲线

700 m)，坝体测线中心位置达到该条件下的最大下沉值 7.17 m。由此可知，测线中点下沉起始点位于距开切眼 470 m 处，终止点位于距开切眼 1 800 m 处，受开采影响的距离为 1 170 m。在工作面推至 1 100 m 时坝体的下沉变形速率最大（拐点-斜率大小分界点）。

利用工作面开采结束时，即下沉稳定时测线中点的下沉值绘制坝体下沉曲线（图 5.22）。图中测点间距为 20 m，从左至右依次编号。如图 5.22 所示。

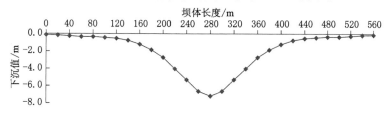

图 5.22　坝体最终的下沉曲线图

从图 5.22 中可以看出：工作面推完时坝体最大下沉值位于坝体中心位置，基本形成平盆地，最大下沉值为 7.17 m。其中 140～180 m 和 380～420 m 范围内（工作面中心位置两侧 100～140 m）的坝体下沉速率转变较大，180～260 m 和 300～380 m 范围内（工作面中心位置两侧 20～100 m）坝体下沉曲线的斜率最大。坝体两端头的最大下沉值为 0.14 m，受采动影响最小，可得工作面开采对坝体单侧的影响范围在 280 m 左右。

（2）应力变化分析

根据位移变化分析结果可知，坝体受采动影响从距坝体中心位置 630 m（坝体中心位置最大下沉值 0.092 m）开始，为了能够详细说明坝体的变形破坏过程（由于土体发生变形破坏后其塑性破坏区域无法恢复至原始状态，为了更好地说明坝体的变形破坏过程，选择坝体第一次达到全部塑性破坏时作为重点分析对象），根据模拟结果选择工作面推进至 500 m、600 m、700 m、800 m、850 m、900 m、910 m、920 m、930 m 和 2 000 m 的应力变化云图，分析坝体的变形破坏规律及特征，坝体应力变化云图如图 5.23 所示。图中左侧为迎水坡，右侧为背水坡，工作面由背水坡侧向迎水坡侧推进。

由图 5.23 可以看出：在工作面推进 500 m 时，坝体迎水坡侧干砌石上端出现约 1 m 长的压应力集中区（负为压应力，正为拉应力），最大值为 −0.38 MPa，其余区域的应力值基本保持不变。

当工作面推进至 600 m 时，坝体背水坡侧坝脚处出现应力集中，最大应力值为 0.054 MPa（拉应力）。迎水坡侧坝肩位置（干砌石段）应力集中区域沿斜坡向下转移，最大应力值为 −0.32 MPa（拉应力），其他区域的应力值均呈现增大的变化，且为压应力。

当工作面推进至 700 m 时，坝体背水坡侧坝脚处的应力集中区域依然存在，且应力值由

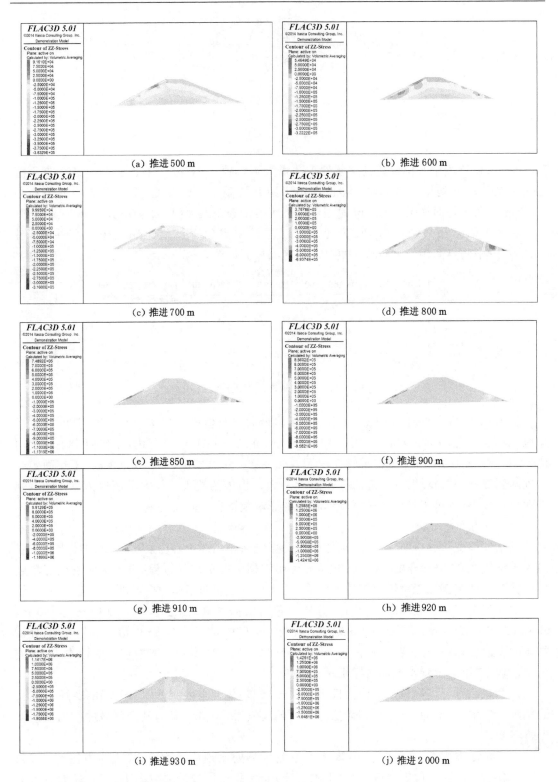

图 5.23　不同推进距离时坝体(中心位置)的应力变化云图

0.054 MPa 增大至 0.099 MPa。迎水坡侧(干砌石段)应力集中区域的应力值由−0.32 MPa 降低至−0.316 MPa(基本保持不变),呈现为压应力,其上覆土体的应力值为正值(拉应力)。其他区域的应力值继续增大,且为压应力。

当工作面推进至 800 m 时,背水坡侧坝脚处应力集中区域增大,应力值继续增大(0.378 MPa)。迎水坡(干砌石段)应力集中区域的应力值由−0.316 MPa 增大至−0.693 MPa,应力集中区域也呈现增大的变化趋势,但迎水坡侧坝脚位置(坝基土体)也出现了小范围的应力集中现象,最大应力值为 0.01 MPa(由压应力转化为拉应力),其他区域的应力值继续增大,且为压应力。

当工作面推进至 850 m 时,背水坡侧坝脚处应力集中区域减小,其上覆的应力集中区域减小,总体呈现拉应力区域增大,压应力区域减小。迎水坡侧(干砌石段)应力集中区域增大,应力值由−0.693 MPa 增大至−1.13 MPa,坝脚位置(坝基土体)应力集中区域减小,应力值由 0.01 MPa 增大至 0.80 MPa,坝顶位置出现小范围的应力集中区域,最大应力值为−0.87 MPa。其他区域的应力值逐渐减小,均降低至−0.2 MPa 以下。

当工作面推进至 900 m 时,背水坡侧坝脚处应力集中区域增大,其上覆的应力集中区域减小,应力值由拉应力转化为压应力。迎水坡侧(干砌石段)应力集中区域继续增大,最大应力值增大至 1.7 MPa,坝脚位置的应力集中区域也逐渐增大。其他区域的应力值继续减小,且为压应力。

当工作面推进至 910 m 时,背水坡侧坝脚处应力集中区域基本保持不变。迎水坡侧(干砌石段)应力集中区域基本不变,处于拉应力状态,坝脚位置的应力集中区域和应力值均在减小,总体呈现为拉应力状态。坝顶位置的应力集中区域增大,应力值由−0.87 MPa 增大至 1.1 MPa。坝体中心区域出现了压应力转化为拉应力变化,最大应力值由−0.95 MPa 转为 0.059 MPa。其他区域的应力值继续减小,且为压应力。

当工作面推进至 920 m 时,背水坡侧坝脚的应力集中区域消失,应力值降低为−0.021 MPa,上覆的应力集中区域消失,保持在压应力状态。迎水坡侧(干砌石段)应力集中区域减小,应力值增大至 1.9 MPa,坝脚位置的应力集中区域减小,应力值也在减小,转变为压应力状态。坝顶位置的应力集中区域和应力值基本保持不变。坝体中部位置拉应力区扩展至坝体顶部,且随着高度的增大,应力值逐渐减小,几乎为 0。其他区域的应力值也逐渐减小,且为压应力。

当工作面从 920 m 推进至 2 000 m 的过程中,背水坡侧、迎水坡侧和坝体中部位置土体的应力值呈现一个缓慢增大的过程,应力值均为负值(压应力),最大应力值为−0.25 MPa,说明土体在经历压缩变形过程。

(3)塑性破坏分析

根据工作面不同推进长度下的坝体受力分析结果,选取相同位置处特征点的剖面位置,分析坝体的变形破坏规律及特征,坝体变形破坏云图如图 5.24 所示(图中左侧为迎水坡,右侧为背水坡)。

由图 5.24 可以看出:当工作面推进 500 m 时,坝体未发生塑性破坏,说明采动对坝体的影响强度没有破坏坝体结构,土体没有发生变形破坏。

当工作面推进 600 m 时,背水坡侧坝脚出现小范围内的拉伸破坏区域(长 1.7 m,高 1 m),说明此区域内土体受下部采空区侧拉伸变形较大(应力值由压应力转换为拉应力)。

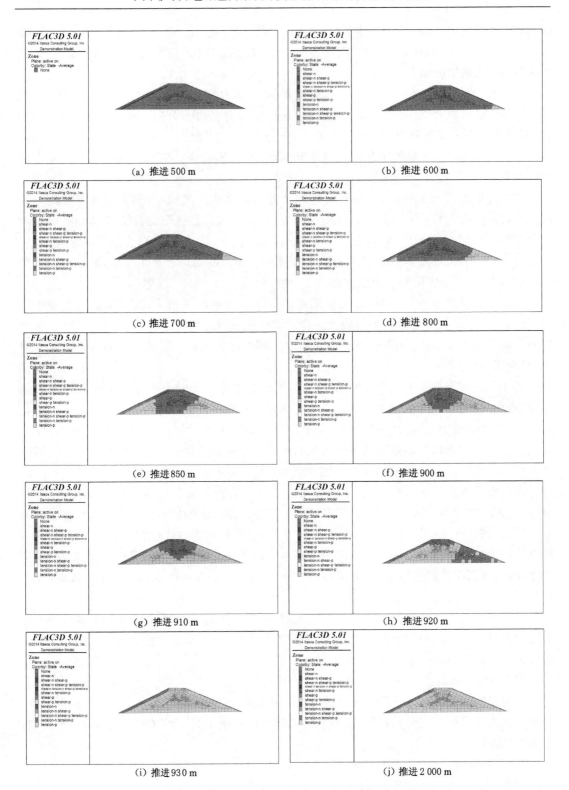

(a) 推进 500 m

(b) 推进 600 m

(c) 推进 700 m

(d) 推进 800 m

(e) 推进 850 m

(f) 推进 900 m

(g) 推进 910 m

(h) 推进 920 m

(i) 推进 930 m

(j) 推进 2 000 m

图 5.24　不同推进距离时坝体(中心位置)的塑性破坏云图

坝体迎水坡侧和坝体中部位置均未出现变形破坏(由应力值的正负关系可知此时坝体未受到采动影响)。

当工作面推进至 700 m 时,坝体背水坡侧变形破坏区域增大,说明此处坝体受到下部表土层的下沉作用,对其产生的拉应力增大,拉伸破坏区域长 2.5 m,高 1.3 m。坝体迎水坡和坝体中部位置均未出现变形破坏。

当工作面推进至 800 m 时,坝体背水坡侧产生拉伸破坏的区域继续增大(长 4.8 m,高 2.9 m)。迎水坡侧坝脚出现小范围的变形破坏区域(长 1.6 m,高 1 m),说明此处坝体随着背水坡侧坝脚位置的拉伸破坏,坝体中部位置和迎水坡侧坝脚向背水坡侧倾斜变形,迎水坡侧坝脚上覆没有限制其移动变形的实体结构,其受到的拉应力大于土体的自身强度,产生拉伸破坏。坝体中部位置未出现变形破坏区域。

当工作面推进至 850 m 时,坝体背水坡侧的拉伸破坏区域继续增大(长 17.8 m,高 4.5 m),说明此处坝体受到下部表土层的拉伸作用继续增大。迎水坡侧坝体变形破坏区域出现急剧增大现象,说明此处坝体受到背水坡侧下沉变形,拉伸幅度加大,迎水坡侧土体受到的拉应力也在增大,拉伸破坏区域增大。

当工作面推进至 900 m 时,坝体背水坡侧的拉伸破坏区域增大速度减缓,是由于背水坡侧坝体受到下部表土层拉应力减弱,背水坡侧坝体由拉应力转化为压应力。迎水坡侧坝脚受到背水坡侧的拉应力减弱,变形破坏区域增大缓慢。而坝体中部位置开始受到下部表土层的拉应力,出现拉伸破坏,此时坝体中部位置(底部)仅有 1 m 左右的土体没有被拉伸破坏区域影响。

当工作面推进至 910 m 时,坝体背水坡侧继续保持压应力状态,坝体迎水坡侧受到的下部表土层拉应力减弱,拉伸破坏区域增长缓慢。坝体中部位置拉伸破坏区域增大,且逐渐向上发展,此时坝体的塑性破坏区域已贯穿坝基,变形破坏区域很有可能成为渗流的主要通道。

当工作面推进至 920 m 时,坝体迎水坡侧坝脚位置开始由拉伸变形破坏转变为压缩变形破坏(土体已全部发生拉伸破坏,经历压缩还原过程)。坝体中部位置的拉伸破坏区域继续增大,直至工作面推进至 930 m 时,整个坝体都处于拉伸破坏区域。坝体中部位置也开始由拉伸变形转向压缩变形状态(由拉应力转化为压应力)。

随着工作面开挖结束,坝体一直保持着拉伸破坏状态。虽然土体发生拉伸破坏后,会出现压缩、还原的过程,但软件只能记录出现过变形破坏,塑性破坏区域无法显示还原过程,因此,在工作面继续向前推进的过程中,坝体整体结构均出现了拉伸破坏,仅仅依靠坝体结构的自重使坝体恢复到原始结构状态,需要经历很漫长的过程,坝体内部形成的裂隙如不进行及时治理,很有可能成为库水渗流的主要通道,引发溃坝事故的发生。

5.5 坝体主要变形破坏规律及特征

根据地表移动变形预测推断坝体变形破坏特征、坝体变形破坏规律的数值模拟、简化相似材料模拟和简化数值模拟结果,对比分析坝体的位移变化过程、应力变化过程和塑性破坏过程,总结坝体受采动影响的变形破坏规律及特征,为坝体维修方案设计提供依据。

(1)位移变化分析

位移变化主要研究整个坝体的位移变化,坝体的移动变形通过地表移动变形预测结果推断、全尺寸数值模拟结果和简化的数值模拟结果对比分析,得出坝体的变形破坏规律及特征。

根据各方法得到的地表移动变形值,绘制坝体最终状态下的下沉变化曲线(沿工作面推进方向由坝体左侧端头开始对各个测点进行编号,测点间距 20 m),如图 5.25 所示。

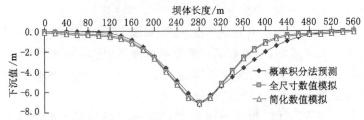

图 5.25　各方法得到的坝体最终下沉变化曲线图

由图 5.25 可以看到:各种方法得到坝体各位置的最终下沉曲线基本相同,各位置的下沉趋势也基本相同,验证了简化分析方法的可行性和准确性。

其中 140～180 m 和 380～420 m 范围内(工作面中心位置两侧 100～140 m)的坝体下沉速率转变较大(拐点),180～260 m 和 300～380 m 范围内(工作面中心位置两侧 20～100 m)坝体下沉曲线的斜率最大。坝体两端头的最大下沉值为 0.14 m,受采动影响最小,坝体受采动影响单侧的影响范围约为 280 m(以工作面中心位置计算)。

以坝体测线中点(距工作面开切眼 1 100 m 处)做剖面,绘制地表移动变形预测、数值模拟、简化数值模拟中坝体下沉变化过程,如图 5.26 所示。

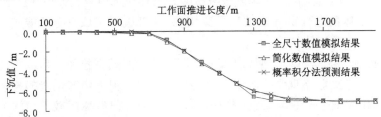

图 5.26　各种方法得到坝体的下沉变化过程曲线图

从图 5.26 中可以看出:工作面从开始影响坝体到坝体达到最大下沉值共推进了 1 300 m,坝体出现移动变形的起始点为工作面推进 600 m 时(距坝体 500 m),最大下沉值 0.103 m,下沉速率转变点为工作面推进 700 m 时(距坝体 400 m,从影响开始至此经历 30 d)和 1 300 m时(推过坝体 200 m,从影响开始至此经历 302 d),终止点为工作面推进 1 800 m(推过坝体 700 m),最大下沉值为 7.29 m。

工作面推进至 600 m 时开始影响坝体中心位置剖面(1 100 m 处),推进至 1 800 m 左右时坝体达到最大下沉(影响过程为工作面推进 1 200 m),此过程坝体经历了从最小下沉值到最大下沉值的变化。根据工作面推进长度和坝体下沉量之间的变化曲线可知:工作面推进 600 m 时工作面中心位置处坝体的最大下沉值为 0.14 m;工作面推进至 900 m 时,坝体的最大下沉值为 2 m;工作面推进至 1 100 m 时,坝体的最大下沉值为 4.21 m,工作面推进至 1 300 m 时,坝体的最大下沉值为 6.63 m;工作面推进至 1 800 m 时,坝体达到了最大下沉值 7.29 m。

（2）应力变化分析

由以上两种模拟结果的坝体应力云图，绘制坝体（坝体中心位置处剖面，1 100 m 处）受采动影响的应力变化趋势图，如图 5.27 所示。

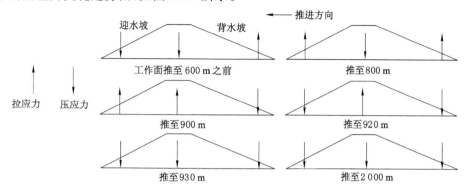

图 5.27　坝体受采动影响应力变化趋势图

由图 5.27 可以看出：坝体受采动影响，在工作面推进至 600 m 之前，坝体背水坡侧坝脚处受到采动影响，向采空区侧下沉，产生拉应力（拉伸破坏），工作面中部和迎水坡侧坝脚位置向背水坡侧呈现压应力状态。

当工作面推至 800 m 时，工作面已推过坝体，此时迎水坡和背水坡侧坝脚首先向下部弯曲下沉，呈现为拉应力状态，工作面中部位置向两侧挤压，呈现压应力状态。

当工作面推至 900 m 时，背水坡侧坝脚位置由拉应力转化为压应力，迎水坡侧坝脚继续向下部弯曲，保持拉应力状态，工作面中心位置受下部采空区的拉伸，由压应力转换为拉应力（呈现拉伸破坏）。

当工作面推至 920 m 时，迎水坡侧坝脚位置拉伸变形已达到最大，由拉应力转换为压应力，坝体中部位置继续保持拉应力状态。

直到工作面推进至 930 m 时，坝体下沉基本达到稳定状态，迎水坡侧坝脚、背水坡侧坝脚和坝体中心位置均呈现为压应力状态，此后坝体将经历压缩-还原的变化过程。

根据上述坝体各位置应力变化特点可知：坝体经历了从拉伸变形破坏到压缩-还原的一个变化过程，只是各部位出现拉伸-压缩转变过程的时间节点不同，受采动影响开始阶段背水坡侧坝脚先经历拉伸变形破坏，其次为迎水坡侧坝体，最后为坝体中部位置。经历由拉伸转变为压缩的过程也是由背水坡侧坝体开始，其次为迎水坡侧坝体，最后为坝体中部位置。

（3）塑性破坏分析

根据坝体受采动影响的应力分析结果和塑性破坏云图可知：坝体发生变形破坏主要受到下部煤层开采后引起地表下沉而产生的拉伸破坏，其破坏的形式和过程与工作面的推进长度相关联，由于坝体为土质结构，其结构发生拉伸变形破坏后，短时间内很难恢复至原始状态，所以坝体整体结构全部发生塑性破坏后，随着工作面的继续推进，坝体将靠自重经历压缩-还原的过程。

由上述模拟结果综合分析可知：工作面推进至 600 m（距背水坡侧坝脚）的过程中，背水坡侧坝脚受采动影响发生的移动变形最大，坝脚发生拉伸变形，产生拉伸破坏。

工作面推进至 800 m(距背水坡侧坝脚)时,坝体迎水坡侧坝脚和背水坡侧坝脚均受采动影响发生移动变形的幅度比中部位置大,且其空间结构较小,两侧坝脚发生拉伸变形,产生拉伸破坏。

工作面推进至 900 m 时,坝体背水坡侧的坝脚拉伸破坏区域达到极限,开始转变为压缩-还原变形过程。迎水坡侧坝脚继续发生拉伸破坏,坝体中部位置受地表移动变形的增大,拉伸变形强度大于土体的抗拉强度,出现拉伸破坏(坝基部位拉伸破坏区域还剩 1 m 左右距离导通)。

工作面推进至 920 m 时,坝体迎水坡侧坝脚位置拉伸破坏区域也达到极限(为了防止坝体整体出现塑性破坏,成为库水渗流的主要通道,由此确定坝体加高加固的时间点应在工作面推进至 920 m 之前,坝体出现塑性破坏的区域未导通),转变为压缩-还原的变形过程。坝体中部位置移动变形值增大,拉伸破坏区域也在增大。

直到工作面推进至 930 m 时,坝体中部位置的拉伸破坏区域达到了极限(最大),整个坝体开始由拉伸破坏转变为压缩-还原的过程。

但坝体出现拉伸破坏后致使坝体内部结构产生的裂隙,短时间内仅靠土体自身的压缩作用,很难还原到原始状态,则坝体内部产生的裂隙就成为库水的渗流通道,因此,在坝体维修方案设计中,需要对坝体进行防渗加固处理。

由于坝体与工作面处于斜交的位置关系,当工作面推进至 900 m 之前,坝体的最大下沉值随着工作面的推进从靠近工作面侧向工作面中心位置移动;推过 900 m 后,坝体的最大下沉值移至工作面中心位置;随着工作面继续推进,坝体的最大下沉值处在工作面的中心位置不再变动,坝体各点的下沉量继续增加;当工作面推进至 1 800 m 时,各点的下沉值和最大下沉值的位置均不再发生变化。数值模拟分析得到工作面推进至 900 m 时,坝体的坝基部位拉伸破坏区域达到极限(剩 1 m 左右距离导通)。结合坝体塑性破坏分析结果和坝体的下沉变化曲线可知:工作面推进至 900 m 时坝体中心位置的下沉值相对其他位置较大,变形破坏程度最为严重。随着工作面继续推进,坝体中心位置的变形破坏区域全部破坏导通,并逐渐向坝体两侧蔓延。

5.6　本章小结

(1)根据全尺寸数值模拟工作面推进过程中地表移动变形和坝体移动变形的变形量得出:工作面推进 1 200 m 达到充分采动,地表最大下沉值为 7.041 m;坝体受采动影响的起始点为工作面推进 600 m,终止点为工作面推进 1 800 m,坝体受工作面采动影响的单侧长度为 280 m;工作面推进至 900 m 之前,坝体的最大下沉值随着工作面的推进从靠近工作面侧向工作面中心位置移动;推过 900 m 后,坝体的最大下沉值移至工作面中心位置;随着工作面继续推进,坝体的最大下沉值处在工作面的中心位置不再变动,坝体各点的下沉量继续增加;当工作面推进至 1 800 m 时,各点的下沉值和最大下沉值的位置均不再发生变化。

(2)针对相似材料模拟和数值模拟难以分析大模型小构筑物内部变形破坏的问题,根据地表移动变形预测和全尺寸数值模拟得到的工作面推进过程中地表移动变形变化量,提出了用浅部开挖替代煤层开采的简化(局部放大)模拟方法。

(3)根据简化的相似材料和数值模拟结果得出:坝体经历了从拉伸变形破坏到压缩-还

原的交替变化过程,只是各部位出现拉伸-压缩转变过程的时间节点不同,受采动影响开始阶段背水坡侧坝脚先经历拉伸变形破坏,其次为迎水坡侧坝体,最后为坝体中部位置。经历由拉伸转变为压缩的过程也是由背水坡侧坝体开始,其次为迎水坡侧坝体,最后为坝体中部位置。

(4) 利用坝下开采坝体变形破坏特征简化分析方法,建立坝下开采坝体变形破坏分析的简化数值模型得到:工作面推进至 900 m 时坝体出现拉伸破坏区域达到极限,坝体塑性破坏区域即将导通;工作面采动对坝体各位置影响的特征点与全尺寸模拟结果基本相同;坝体的最大下沉值为 7.17 m,与预测结果 7.29 m、数值模拟结果 7.04 m 和相似材料模拟结果 7 m 相比,相对误差结果分别为 0.12 m、0.13 m 和 0.17 m,误差较小,验证了构建的坝下开采坝体变形破坏特征简化分析方法的可行性、科学性和合理性。

6 坝体维修方案设计与实施效果分析

根据首采面开采后坝体的变形破坏规律及特征,结合坝体现状和相关规定,对坝体进行维修方案设计,并根据现场实施效果分析维修方案的可行性和合理性。

6.1 坝体维修方案设计

6.1.1 设计基础资料及依据

坝体设计基础资料及依据主要包括坝体规格及现状、坝体变形破坏规律及特征的相关研究成果和国家行业的相关规定。

（1）相关规定

根据《水利水电工程等级划分及洪水标准》(SL 252—2017)和《防洪标准》(GB 50201—2014)的规定,水库的工程等级为Ⅲ等。

由于近年来水资源的不断减少,水库下游已经没有农业灌溉,水库养鱼效益十分有限,为了降低坝体维修加固期间的施工,提高坝下开采水库的安全性,大平矿开采三台子水库库区煤层期间,水库采用降等降级使用,工程等级降为Ⅳ等。防洪标准采用下限,水库设计洪水标准为 10 年,校核洪水标准为 50 年。10 年一遇设计洪水时,最高库水位为＋80.73 m,校核情况 50 年一遇洪水时,最高库水位＋81.26 m。

在设计中用到的与坝体建设、维护、维修相关的国家和行业技术规范、规程及标准如下：

《辽宁省中小河流(无资料地区)设计暴雨洪水计算方法》；

《水利水电工程等级划分及洪水标准》(SL 252—2017)；

《防洪标准》(GB 50201—2014)；

《水土保持工程设计规范》(GB 51018—2014)；

《碾压式土石坝设计规范》(SL 274—2020)；

《聚乙烯(PE)土工膜防渗工程技术规范》(SL/T 231—98)；

《水库大坝安全评价导则》(SL 258—2017)。

（2）坝体规格及现状

坝下开采坝体的变形破坏对坝体的使用等级和防洪标准均会产生较大影响,为此需要依据重新核对水库的工程等级和防洪标准计算坝顶的高程。

① 坝体结构设计

根据坝体受采动影响的移动变形特征,从外观整体结构上进行坝体坡比和护坡的设计,为坝顶高程的设计和坝体维修方案设计提供基础支撑。

a. 坝体坡比的确定

由 2.1.2 节可知,开采前坝体迎水坡的坡比为 1∶2.5,背水坡的坡比为 1∶2.0。由于坝体开采过程中将出现较大的下沉,需要做加高处理,无疑加大了坝体的绝对高度,稳定性要求也相应提高。因此,在坝体加高过程中应适当降低坡度,以提高土体的固结度,增强坝体的抗滑移能力。《水土保持工程设计规范》中关于中低高度土体均质的坝坡比规定:上游一般为1∶1.5~1∶3.0,下游为1∶2.0~1∶2.5,从安全角度考虑,选择最大坡比作为坝体坡度,即迎水坡侧坡比为1∶3.0,背水坡侧坡比为1∶2.5。

b. 护坡设计

护坡设计主要是在坝体坡面上加设反滤层和过滤层,目的是降低坡面上土体受库水冲刷和浸润,减少坡面上土体的流失,避免坝体坡面滑移破坏,保证坝体的安全、稳定。

坝体迎水坡侧护坡高度应为库区水位的最大高度、库水的最大浪高、风壅水面最大高度以及最大安全加高四者之和,背水坡侧护坡高度应为库水浸润线以上,结合三台子水库库区水位特征和校核洪水标准进行设定。

反滤层是为了滤土排水,防止库水冲刷坝体坡面上的土体。常用干砌石作为反滤层材料,干砌石既具有较强的耐冲刷特征,还能够起到消浪的功能。过渡层是防止透过反滤层的水体接触坝体坡面上的土体,并起到将水体排出的作用,常用粗砂和碎石作为过渡层材料。根据土石坝加固设计规范要求:干砌石铺设的厚度为40 cm,碎石的铺设厚度为20 cm,粗砂的铺设厚度为10 cm。

② 坝体加高高程设计

针对库区的水位高度、防洪标准和坝体结构设计,结合《碾压式土石坝设计规范》规定[156]和库区水文地质条件,计算水库正常运行条件下和非常条件下的坝体坝顶高程,为坝下开采过程中坝体维修方案设计和施工提供数据支撑。

按照《碾压式土石坝设计规范》规定,坝顶高程为水库静水位加坝顶超高,坝顶超高计算公式[157]为:

$$Y = R + e + A \qquad (6.1)$$

式中 Y——坝顶超高,m;

R——最高波浪在坝坡上的爬高,m;

e——最大风壅水面高度,m;

A——安全加高,按照规范规定:4级建筑物正常运行情况下 $A=0.5$ m,非常运行情况下 $A=0.3$ m。

波浪爬高 R 按下式计算:

$$\bar{R} = \frac{K_\Delta + K_w}{\sqrt{1 + p_d^2}} \cdot \sqrt{h_m \cdot \lambda_m} \qquad (6.2)$$

式中 $\bar{R}$——波浪平均爬高值,m;

K_Δ——斜坡糙率渗透性系数,$K_\Delta = 0.80$;

K_w——经验系数,$K_w = 0.586$;

p_d——斜坡坡度系数,取 $p_d = 3.0$;

$\bar{h}_m$、$\bar{\lambda}_m$——波浪要素,平均波高和波长,按莆田试验站公式计算 $\bar{h}_m$、$\bar{\lambda}_m$ 值。

$$\begin{cases} \overline{T}_m = 4.438\sqrt{\overline{h}_m} \\[2mm] \dfrac{g\overline{h}_m}{W^2} = 0.13\,\text{th}\left[0.7\times\left(\dfrac{gH}{W^2}\right)^{0.7}\right]\times\text{th}\left\{\dfrac{0.001\,8\times\left[\dfrac{gD}{W^2}\right]^{0.45}}{0.13\,\text{th}\left[0.7\times\left(\dfrac{gH}{W^2}\right)^{0.7}\right]}\right\} \\[4mm] \overline{\lambda}_m = \dfrac{g\overline{T}_m^2}{2\pi} \end{cases} \tag{6.3}$$

式中　W——计算风速,m/s,非正常运行条件下,采用多年平均年最大风速,$W=v=12.6$ m/s,正常运用条件下,采用多年平均年最大风速的 1.5 倍,$W=1.5v=18.9$ m/s。

　　　H——水域平均水深,m;

　　　$\overline{T}_m$——平均波周期,s;

　　　D——吹程,由库区地形测量得 $D=1\,000$ m。

风壅水面高度按下式计算:

$$e = \frac{KW^2 \cdot D}{2gH} \cdot \cos\beta \tag{6.4}$$

式中　e——风壅水面高度,m;

　　　K——综合摩阻系数,$K=0.9$;

　　　β——风向与水域中线的夹角,$\beta=0.1°$。

设计爬高值取累计概率 $P=1\%$ 的爬坡值:

$$R = 2.23\overline{R} \tag{6.5}$$

土坝坝顶高程计算成果如表 6.1 所示。

表 6.1　土坝坝顶高程计算成果

运行工况	库水水位/m	R/m	e/m	A/m	坝顶高程/m
设计洪水(10%)	+80.73	2.02	0.18	0.5	+83.43
校核洪水(20%)	+81.26	1.99	0.15	0.3	+83.70

　　三台子水库坝下煤层开采期间(非正常运行期)最大水位高度要低于 +81.26 m,坝顶高程必须高于 +83.70 m。由于坝体的最大高程为 +86.60 m,为了便于坝体移动变形的监测,更好地实施坝体维修方案,坝体在受采动影响前预先填筑至 +86.60 m,保持整个坝体的平整度。同时,严密监测库区内的水位变化和坝体的下沉量,为坝体维修方案设计和施工提供数据支撑和判断依据。

　　由于上述设计中在最大水位标高为 +81.26 m 时,坝体的最大浪高要小于 +83.7 m 标高,因此,在坝体维修方案设计中必须保证迎水坡侧护坡标高至少为 +83.7 m。

　　(3)相关研究成果

　　根据工作面推进长度和坝体下沉量之间的变化曲线可知:工作面开采影响坝体的总长度为 560 m。工作面推进至 600 m 时,工作面中心位置处坝体的最大下沉值为 0.14 m;工作面推进至 900 m 时,坝体的最大下沉值为 2 m(该处坝体拉伸破坏区域达到极限,坝体即将导通);工作面推进至 1 100 m 时,坝体的最大下沉值为 4.21 m;工作面推进至 1 300 m

时,坝体的最大下沉值为 6.63 m;工作面推进至 1 800 m 时,坝体达到了最大下沉值 7.29 m。坝体最大下沉位置位于坝体中心位置,其中工作面中心位置两侧 100～140 m 范围内的坝体下沉速率转变较大(拐点);工作面中心位置两侧 20～100 m 范围内坝体下沉曲线的斜率最大。坝体两端头的最大下沉值为 0.14 m,受采动影响最小,可得工作面开采对坝体单侧的影响范围为 280 m。

虽然土体结构具有拉伸-压缩-还原的性质,但受采动影响的过程中坝体整体结构都发生了塑性破坏,仅靠土体自重影响短时间内无法恢复到原始状态,土体内部结构依然呈现松散状态,将会形成渗流通道,引起溃坝事故的发生。

6.1.2 坝体加高加固方案设计

依据《水土保持工程设计规范》和坝体的变形破坏规律及特征对坝体的结构进行设计,依据《碾压式土石坝设计规范》计算得出坝体非正常运行条件下的最大水位标高 +81.26 m 和最小坝顶标高 +83.7 m,结合坝下开采坝体的变形破坏规律及特征,设计坝体的维修方案。

(1) 坝体加固结构设计

由于库区现有水位标高为 +82.0 m,高于正常运行条件和非常运行条件下水位标高 +80.73 m 和 +81.26 m,为了保证坝下开采的安全,保障作业人员和作业车辆近水施工的安全,降低斜坡施工的难度,在坝体开采之前必须将库区水位由标高 +82.0 m 降低至 +80.5 m(库区死水位)。

依据地表移动变形预测结果推断坝体的变形破坏、坝体变形破坏的数值模拟分析、简化数值模拟分析和简化相似材料模拟结果,得出坝体的变形破坏规律及特征,针对这些变形破坏特征,提出相对应的维修方案。

工作面开采影响坝体的总长度为 560 m,坝体加固段的长度应大于 560 m(留设保护距离,两侧各增加 10 m,共计 580 m)。

工作面推进至 600 m 时开始影响坝体中心位置剖面(1 100 m 处),推进至 1 800 m 时坝体达到最大下沉(影响过程为工作面推进 1 200 m),最大下沉值为 7.29 m,此过程坝体经历了从最小下沉值到最大下沉值的变化。因此确定坝体需要加高的高度至少为 7.29 m。

以坝体中心位置为基准点(工作面中心位置),工作面中心位置两侧 100～140 m 范围的坝体下沉速率转变最大(拐点),工作面中心位置两侧 20～100 m 范围内的坝体下沉曲线斜率最大,这些位置出现变形破坏最为严重,须做重点加固防渗处理(必要时采取注浆)。

从坝体变形破坏的应力云图和塑性破坏云图可知:虽然测线中点附近一定长度的坝体在移动变形过程中呈现拉伸-压缩-还原的特征,但由于经受的挤压应力不足,其他部位的坝体不能还原,甚至位于下沉盆地拐点以上的坝体始终处于拉伸状态,内部土体依然呈现松散状态,极易形成渗流通道,严重时可能导致溃坝事故的发生,因此,必须采取防渗措施,铺设土工膜进行防渗加固。

依据上述设计要求和坝体的结构要求,绘制坝体填筑总体结构图如图 6.1 所示。

从图 6.1 中可知,坝体在填筑后,受采动影响时,原始整个坝体均处于下沉区域,新填筑的坝体为上覆梯形坝体,对库区起到拦蓄水功能。

(2) 施工布置

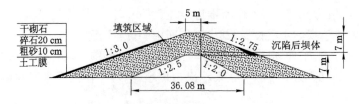

图 6.1　坝体填筑总体结构示意图

库区坝体的最大高程为+86.60 m,为了便于坝体移动变形的监测,更好地实施坝体的维修方案,坝体在受采动影响前预先填筑至+86.60 m,保持整个坝体的平整度。

由于库区水位最大允许高程为+81.26 m,库区最小坝顶标高为+83.7 m,根据《碾压式土石坝设计规范》中要求坝顶预留沉降超高为坝高的1‰(0.07 m),对于坝体的最大高程为+86.60 m,允许坝体最大下沉值为2.83 m,但在此之前必须对坝体进行加高加固维护。

由于工作面推进至900 m时坝体坝基出现拉伸破坏区域达到极限,坝体拉伸破坏区域即将导通(坝体最大下沉值为2 m),为了保证坝体的正常运行,防止溃坝事故的发生,第一阶段加高必须设计在工作面推进至900 m位置,设计坝体加高高度为2 m。

根据坝体即将导通的变形破坏分析结果,结合土体的强度具有拉伸-压缩-还原功能和施工过程中能够加快土体还原的过程,以及降低施工成本、减少施工次数、保证坝体的安全使用,在此设计坝体填筑以2 m为一个填筑周期(坝体每下沉2 m填筑一次),对坝体进行加高加固维护。

根据全尺寸数值模拟和简化数值模拟得到的坝体下沉量随工作面推进长度之间的关系可知:坝体每下沉2 m的时间点为工作面推进至900 m、1 080 m和1 270 m,进而得到坝体填筑加固前三期的时间点为工作面推进至900 m(距坝体中心位置200 m)、1 080 m和1 270 m,待坝体沉陷稳定后进行最后一次加固,时间点为工作面推进至2 000 m(推完)。

各周期加高加固的具体措施如下:

为了坝体填筑施工过程中减少水下作业、提高施工效率、减小填筑土体重复压实的工作量,在坝体填筑施工过程,首先对原坝坡做挖台阶处理,台阶宽度为1 m,并做成2%的倒坡后再填筑。在原坝体基础上加高(加高材料为原坝体相同的粉质黏土),先期填筑时以坝顶宽度位置为基准线放宽坝底宽度和上下游坡度(坝底宽度为70 m,上下游坝坡坡比分别为1∶3.0和1∶2.75),坝顶宽5 m保持不变。

每个填筑周期以20 cm高度作为一层填筑单元,分层填筑,每层的压实度不得小于96%。分期填筑过程中严密监测库区内的水位变化和坝体的下沉量,确保库区水位不得高于+81.26 m、坝顶高程不得低于+83.77 m高程警戒值,四期填筑完成后坝顶高程加高至+86.6 m。

坝体分期填筑加高加固的结构图如图6.2所示。

(3)分层填筑方法

在料场采用1.2 M³反铲挖掘机将坝体填筑料铲装到5 t自卸汽车上,同时控制装车土料含水量在管理界限内。汽车运输上坝,采用后退式进行卸土、铺土。卸料时严格控制卸土强度,在料场控制每车所载土方量相同,梅花状倒土。虚铺厚度按20 cm控制,并以此计算单位面积卸土量,确定汽车的卸土强度。采用4台推土机将土堆推平,平整度控制范围每

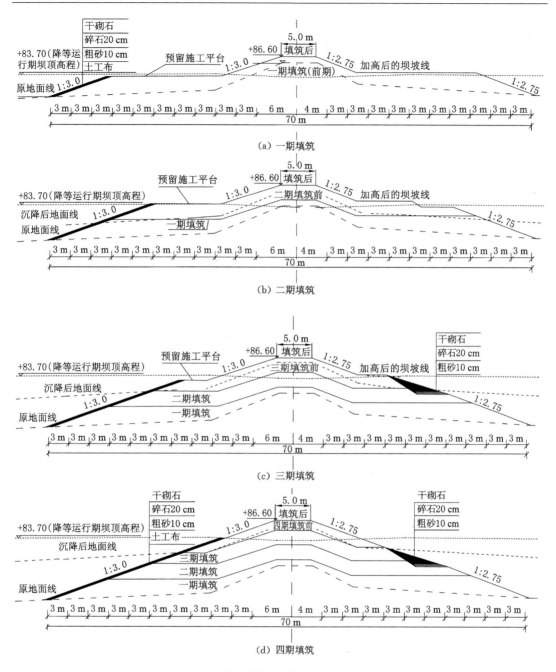

图 6.2　坝体分期填筑加高加固结构图

600 m² 设置一个控制网,平整度的高程差控制在 5 cm 左右。每填筑一层,对坝面的边、线和坝面平整度进行一次测量放线工作。为保证土坝施工质量,填土宽度应大于设计尺寸 50 cm。

新旧坝体和坝肩接合坡面的接合采用错台处理,错台宽度要在 50 cm 以上,高度 30 cm 以上,碾压、刨毛后再继续铺填新土进行压实。分段填筑时,分段长度一般大于 100 m,结合面搭接长度为 3~5 m,确保结合处压实度达到设计要求。

采用 12 t 振动碾对填筑土体进行压实,激振力 200 kN,行进速度为 2 km/h,采用错轮法沿平行坝轴线方向碾压,每压一遍移动 40 cm,根据土料含水量不同确定碾压遍数,使压实土体干密度达到设计要求,周边振动碾碾压不到的采用 70 推土机补压。

每碾压一层检测一次,测量压实度和化验干密度,若压实度小于 96%,根据实际情况进行洒水,重新碾压。

6.1.3 防库水渗透的土工膜规格确定及铺设工艺设计

根据坝体的变形破坏规律及特征,结合防渗土工膜的设计管理规范[158,159,160],选择合适的防渗土工膜,对开采期间的坝体进行防渗加固处理。

(1)土工膜规格确定

土工膜的使用能够减少施工周期,降低施工工程的费用,提升水利工程的综合效益。土工膜规格包括土工膜结构类型、重量和厚度。

从膜的结构分为土工膜(单膜)和复合土工膜,其规格按重量和厚度进行划分。选用原则主要从功能要求、经济性和市场产品规格三个方面进行考量。土工膜的结构如图 6.3 所示。

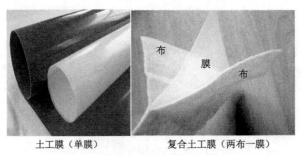

土工膜(单膜)   复合土工膜(两布一膜)

图 6.3 土工膜的结构

单层土工膜的渗透系数极低,而且容易被尖锐异物刺穿,施工过程中的焊合接缝处容易出现接触张口,抗剪性能差,对上覆砂层进行压实时薄膜可能会因不均匀受压而损坏。

复合土工膜是利用土工织物和土工膜制成的一种聚合物,分为两布一膜和一布一膜等,既保留了土工织物耐磨、防穿刺的优点,又具有土工膜防渗、延展性强、不易腐蚀的性能优势,而且还具有抗老化性能和延展性能,其延展性能更能够解决水利工程中的不均匀沉降等问题。

鉴于以上对比分析,选用复合土工膜用于采动影响下坝体的防渗。

根据数值模拟中坝体迎水坡侧受到的最大拉应力为 1.9 MPa,地表移动变形预测中坝体的最大水平移动值为 3.55 m,最大水平变形值为 39.16 mm/m,结合市场上常用的复合土工膜型号类型和《聚乙烯(PE)土工膜防渗工程技术规范》中的要求,选取复合土工膜型号 200 g/0.3 mm/200 g(膜体为 PE 膜,土工布为高强机织涤纶布,垂直铺塑为 0.5 mm 厚 PE 膜,宽度 5 m)作为坝体防渗加固的铺设材料。

(2)铺设工艺设计

根据坝体加固施工的方案设计,土工膜沿坝体斜坡方向从下至上进行铺设。为了防止坝体移动变形拉裂土工膜,在斜坡方向上每隔 5 m 留设 1.5 m 的伸缩节(根据坝体的最大水平移动值),垂直斜坡方向上每隔 5 m 留设 1.5 m 的伸缩节,所有焊接位置要避开伸缩节,并在土工膜上铺设粗砂、碎石和干砌石对其进行保护,对坝体进行防渗加固。

用土工膜进行铺设时需要在坝脚位置挖掘压脚槽,将土工膜做弯弧状结构,上覆用黏土压实,防止库水浸入。在护坡石上覆(+83.7 m 位置以上)也做弯弧状结构,用钢片和橡胶进行固定,防止坝体移动变形带动土工膜滑落。土工膜铺设的结构图如图 6.4 所示。

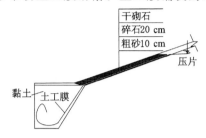

图 6.4 土工膜铺设结构示意图

6.1.4 库区水位监控和施工质量监控方案设计

为了保证首采面开采过程中坝体能够安全稳定运行,施工期间应严密监控库区水位和施工质量,确保各施工方案施工质量和坝体、水库安全运营,以及首采面的安全高效开采。

(1) 库区水位监控

在首采面开采过程中,必须严格控制水库水位,不得超过最大允许水位+81.26 m,否则,库水受环境影响,风壅水面高度和水浪高度就可能超过施工期间的最小坝顶标高+83.7 m,严重时导致库水漫坝事故。

利用水准仪观测开采期间水库水位的变化,当库区水位临近+81.26 m 时启动库水排放措施,避免水位超限;并控制加高加固工程进度,确保坝体标高在+83.7 m 以上。

水位观测应从坝体移动变形开始,一直到坝体稳定且维修工程结束。观测频率为每天观测 1 次,气候特殊情况下,应增加每天观测次数。

(2) 施工质量监控方案设计

施工质量监控主要包括坝体移动变形观测、坝体变形破坏巡查和现场土体碾压效果检测三个方面。

① 坝体移动变形观测

通过观测指导坝体加高加固方案的实施,对坝体变形破坏严重地段加强管控,验证维修方案设计的合理性和各章节研究结果的可靠性。

利用坝体移动变形观测结果,检测各阶段土体加高工程是否到达设计的标高,如不满足设计要求,及时进行整改。同时指导坝体加高加固方案的实施,例如对坝体变形严重地段加强管控,适时启动相关维修措施,验证维修方案设计的合理性。

利用 topconGPS 水准仪和全站仪对工作面开采过程中加固段和非加固段坝体的移动变形进行观测,从坝体受采动影响段的中心位置向库区方向在坝顶布设一条观测线,设置20 个测点,测点间距为 30 m,测线全长 600 m。按照坝体维修方案设计坝体单侧的加高加固长度 290 m,其中布置的 1~11 号测点段为加高、加宽、加固段的坝体,11 号测点以外为非加高、加宽、加固段的坝体(图 6.5)。

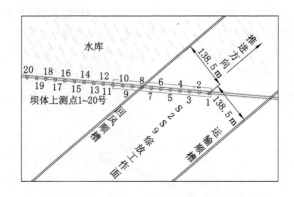

图 6.5　坝下开采坝体移动变形测点布置图

根据坝体的移动变形特征可知：影响坝体移动变形的起始点为工作面推进至 600 m 时，为了检验整个坝体受采动影响的移动变形过程，设计工作面推进至 600 m 之前，工作面每推进 50 m 观测一次坝体的移动变形值；工作面推进 600 m 至 1 800 m 过程中，每推进 10 m 观测一次；工作面推进 1 800 m 至 2 000 m 过程中，每推进 50 m 观测一次。

② 坝体变形破坏巡查

建立严格的坝体外表巡查制度[161,162]，对坝体出现的损伤情况和库水渗漏及时采取应对措施，通过坝体表面观测结果验证维修方案设计的合理性。

坝体裂缝是造成塌帮、溃坝等危及坝体安全的主要因素，大坝裂缝分为纵向裂缝和横向裂缝。纵向裂缝是沿坝轴方向的裂缝，土质坝体受采动影响，坝体内部会呈现一个拉伸-压缩-还原的应力变化过程，这种运动会在坝体上下游方向上产生不同步的拉应力，当土质坝体的强度不能抵抗拉应力时，就会产生纵向裂缝；横向裂缝垂直于坝体轴向，受采动影响坝体中部的下沉量较大，引起坝体轴向的拉应力，从而产生垂直大坝轴向的横向裂缝。

纵向裂缝和横向裂缝都会危害坝体的整体性，降低大坝的承载力。横缝过大会剪断或者拉裂土工膜，引起坝体渗漏，从而危及大坝的安全。

因此在工作面开采期间，严密巡查坝体的变形破坏情况，发现问题，及时采取应急加固防渗措施。

③ 现场土体碾压效果检测

针对各期填筑施工过程中填筑土体的碾压效果，检测坝体加固方案的实施效果。

现场利用环刀法测定土体的湿密度、运用酒精燃烧法测定土体试件的含水率，通过换算得出试验的干密度，再计算出土体的压实度（根据土体的击实试验得到土体的最大干密度为 1.71 g/cm³），根据《水利水电工程单元施工质量验收评定标准—土石方工程》（SL 631—2012）和《土工试验方法标准》（GB/T 50123—2019）确定每层的压实度不得小于 96％。

以坝体加高加固四个时期最后一层土体压实度的检测试验为例（加固段坝体每隔 20 m 设置 1 个测点，共计 29 个测点），分析实施加固方案后坝体的加固效果。

6.2　坝体维修方案实施效果分析

为了检验维修方案的实施效果，给坝下其他工作面开采时坝体维修方案设计提供优化依据,对大坝的加固段和非加固的坝体进行移动变形监控、库水水库监控和施工质量监控,验证依据坝体移动变形规律和变形破坏规律设计的坝体维修方案的合理性和可行性。

6.2.1 坝体的移动变形观测结果分析

利用 topconGPS 水准仪和全站仪对工作面开采过程中的坝体移动变形进行了观测,分析坝体加固段和非加固段的移动变形特征,验证坝体加固方案的可行性。

以坝体上各测点的最终下沉曲线为例,分析坝体的移动变形特征,观测数据如表 6.2 所示。

表 6.2 坝体各测点的最终下沉值

测点号	下沉值/m	测点号	下沉值/m
1	−7.077	11	−0.015
2	−7.077	12	−0.001
3	−7.032	13	−0.000 1
4	−6.291	14	−0.000 1
5	−5.251	15	−0.000 1
6	−4.268	16	−0.000 1
7	−3.186	17	−0.000 1
8	−2.108	18	−0.000 1
9	−1.241	19	−0.000 1
10	−0.654	20	−0.000 1

根据表 6.2 中实测坝体各测点的最终下沉值,与预测推断结果、数值模拟结果和简化分析结果中坝体各位置的最终下沉值进行对比分析,验证上述分析方法分析坝体变形破坏的可行性和合理性,对比分析图如图 6.6 所示。

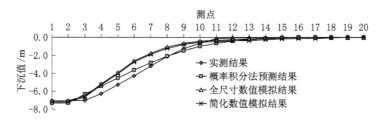

图 6.6 各方法得到的坝体最终下沉值对比图

由图 6.6 中各方法得出的坝体各测点最终下沉曲线可知:工作面开采对坝体的影响范围为 1~11 测点之间(加固段坝体),其中 11 号测点的最大下沉值为 0.015 m,1、2 号测点处坝体达到最大下沉,加固段坝体下沉的拐点位置在 8 号、9 号测点附近和 3 号测点附近(坝体下沉值斜率出现变化,增大和减小),此处坝体受采动影响拉伸破坏最为严重,也是坝体重点加固部位。

12~20 测点坝体的下沉变化较小(非加固段坝体),坝体的变形破坏也较小,最大下沉值出现在 12 号测点位置,最大下沉值为 0.001 m。可得出坝体受采动影响的单侧长度在 270~300 m 之间,验证了数值模拟结果和简化分析结果得出工作面开采影响坝体的单侧破坏长度为 280 m。

选取坝体中部 1 号、2 号和 3 号测点的观测结果,分析坝体受采动影响的移动变形规律,验证坝下开采坝体维修方案设计依据的准确性,观测的 3 个测点下沉值如表 6.3 所示。

表 6.3 工作面推进过程中 1、2、3 号测点的下沉值

工作面推进长度/m	1 号测点的下沉值/m	2 号测点的下沉值/m	3 号测点的下沉值/m
100	−0.023	−0.026	−0.121
200	−0.023	−0.026	−0.121
300	−0.023	−0.026	−0.121
400	−0.023	−0.026	−0.121
500	−0.023	−0.026	−0.121
600	−0.023	−0.026	−0.121
700	−0.17	−0.267	−0.392
800	−0.938	−1.274	−1.396
900	−1.955	−1.852	−1.728
1 000	−3.28	−2.695	−2.431
1 100	−4.243	−3.932	−3.748
1 200	−5.209	−4.896	−4.606
1 300	−5.974	−5.557	−5.396
1 400	−6.411	−6.311	−6.174
1 500	−6.941	−6.636	−6.498
1 600	−6.981	−6.901	−6.712
1 700	−7.041	−6.941	−6.846
1 800	−7.077	−6.941	−6.846
1 900	−7.077	−7.077	−7.032
2 000	−7.077	−7.077	−7.032

依据表 6.3 中工作面不同推进长度下坝体 1 号、2 号和 3 号测点的下沉值,绘制坝体上 3 个测点受采动影响下的下沉变化曲线,如图 6.7 所示。

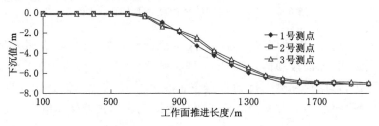

图 6.7 受采动影响下坝体上 1 号、2 号和 3 号测点的下沉变化曲线

由图 6.7 中测点下沉变化曲线可知:1 号、2 号和 3 号测点受采动影响的下沉变化趋势基本相同,说明工作面采动影响范围内坝体各测点的移动变形特征基本相同。

受采动的影响起始点在 600 m 左右(1 号点位于 1 100 m 处),下沉曲线的拐点位置(下沉速度转变点)在工作面推进至 900 m 和 1 300 m 处,此处对坝体的变形破坏影响最大;在工作面推进至 1 500 m 以后各测点处坝体的下沉基本平稳;工作面推至 1 800 m 左右时,其中 1 号测点和 2 号测点处坝体达到最大下沉,最大下沉值为 7.077 m,3 号测点处坝体的最大下沉值为 7.032 m。

由上述分析可以得到:工作面开采影响坝体的起始点在 600 m 处,影响坝体变形破坏较为剧烈的位置在工作面推进至 900 m 和 1 300 m 处,影响终止点的位置在工作面推进至 1 800 m 位置。工作面采动对 1 号测点位置处坝体的影响长度约为 1 200 m。

根据上述 1 号测点处坝体受采动的影响范围和影响程度,结合地表移动变形预测得到地表下沉变化规律、数值模拟和简化数值模拟坝体中心位置测点的下沉变化规律,分析坝体受采动影响的移动变形规律和变形破坏特征,对比分析图如图 6.8 所示。

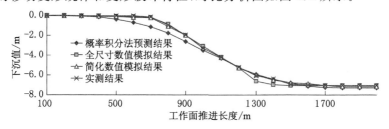

图 6.8　各方法得到的坝体中心位置下沉曲线对比分析图

由图 6.8 可以看出:各方法得到的坝体中心位置下沉变化趋势基本相同,而且坝体出现移动变形的起始点、拐点和终止点位置基本相同,进一步验证了地表移动变形预测结果推断坝体的变形破坏、全尺寸数值模拟和简化数值模拟方法得到的坝体移动变形规律是正确的,坝体的变形破坏特征分析结果是可行的,坝体的维修方案是合理的。

地表实测得到坝体的最大下沉值为 7.077 m,结合坝体的倾角和采高,计算得到坝下 S2S9 工作面开采时的最大下沉系数为 0.79,验证了修正后概率积分法计算模型的准确度。

由概率积分法的预测计算模型、相似材料模拟、全尺寸数值模拟以及垮落带和垮落岩体残余碎胀系数推导的计算模型得出 S2S9 综放工作面开采后地表的最大下沉值分别为 7.29 m、7.0 m、7.04 m 和 7.14 m,与实测值 7.077 m 相对误差仅为 3.01%、1.09%、0.52% 和 0.89%,简化分析方法中模拟坝体的最大下沉值为 7.17 m,与实测值 7.077 m 相差仅为 0.093 m,误差较小,验证计算模型、相似材料模型、全尺寸数值模拟和推导最大下沉值计算公式具有较高的准确度,同时也证明了上述坝体移动变形分析方法与实际是相吻合的。

6.2.2　库区水位和施工质量监测结果分析

根据库区水位观测数据、坝体表面观测和现场碾压检测数据,分析坝下开采过程中坝体的稳定性,验证坝体实施加固方案后坝下开采的安全性。

(1)库区水位监测结果分析

利用水准仪观测首采面开采期间的库区水位变化,总计观测坝体下沉期间库区水位值

500 次,选取每隔 10 d 的观测结果汇总如表 6.4 所示。

表 6.4 坝体沉降变形活跃期库水水位值

观测次数	水位值/m	观测次数	水位值/m
10	+80.91	260	+80.66
20	+80.94	270	+80.66
30	+80.94	280	+80.65
40	+80.94	290	+80.66
50	+80.91	300	+80.66
60	+80.93	310	+80.87
70	+80.96	320	+80.97
80	+80.79	330	+80.93
90	+80.72	340	+80.77
100	+80.71	350	+80.72
110	+80.68	360	+80.73
120	+80.72	370	+80.82
130	+80.72	380	+80.82
140	+80.74	390	+80.83
150	+80.74	400	+80.83
160	+80.74	410	+80.82
170	+80.65	420	+80.79
180	+80.64	430	+80.77
190	+80.64	440	+80.79
200	+80.65	450	+80.80
210	+80.65	460	+80.80
220	+80.65	470	+80.80
230	+80.65	480	+80.81
240	+80.65	490	+80.82
250	+80.65	500	+80.82

由表 6.4 中坝体下沉期间库区水位观测结果绘制水位变化曲线,如图 6.9 所示。

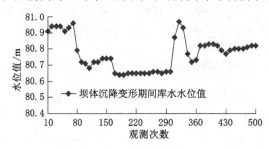

图 6.9 坝体沉降变形活跃期库区水位变化曲线图

由图 6.9 可以看出:受采动影响坝体移动变形期间,水库水位变化不大,基本保持在 +80.8 m 左右,库区的最大水位标高为 +80.96 m,小于库区最大校核水位标高 +81.26 m,即坝体受到采动影响后,水位没有超过坝体加固期间的最大校核水位,按照坝体维修设计方案对坝体进行加固的时间点安排是可行的。

(2) 施工质量监测结果分析

针对加固段坝体和非加固段坝体的表面裂隙巡查结果和背水坡侧是否存在渗漏迹象的观测结果得出:工作面回采结束时非加固段坝体 11 号测点处坝体的最大下沉值为 0.015 m,在坝体的沉降边缘区并未发现裂缝,说明坝下开采对非加固段坝体产生的影响不大,坝体能够发挥拦蓄水的功能,能够保证自身的稳定性。

加固段坝体表面未见裂缝,坝体背水坡侧没有发现渗水迹象,说明坝体内部整体结构受采动影响较小,对坝体进行加高、加固碾压处理,能够使采动裂缝产生闭合,保证坝体自身的稳定性,不会发生溃坝、透水事故。

而根据坝体移动变形破坏分析结果可知:加固段坝体部分位于大的变形破坏拉伸区,部分位于移动变形压缩区。位于大的移动变形拉伸区的坝体产生裂缝,由于坝体加固过程中对坝体进行了连续的碾压作业,坝体受拉伸或压缩产生的裂缝都被不断地碾压闭合,致使产生裂缝区域不能形成较大的裂缝,从而减小了水的渗流通道,提高了坝体的稳定性。故在坝体表面观测不到裂隙的存在以及背水坡侧没有出现库水渗流的迹象。

而且在坝体加固的过程中采用了土工膜进行临时防渗,保证坝体的拦蓄水功能。实践证明:受采动影响的非加固段坝体和加固段坝体的渗透性能变化都很小,对坝体进行加固防渗处理,既能够保证水库坝体下煤层的安全开采,也能够保障水库坝体的拦蓄水功能。

(3) 现场碾压效果监测

根据坝体实施各分期分层加固的检测数据,选取四次分期最后一层加固的检测数据,分析坝体加固效果。四次检测数据如表 6.5 所示。

表 6.5 各分期加固方案最后一层加固后检测土体压实度数据表

测点	一期		二期		三期		四期	
	干密度 /(g/cm³)	压实度	干密度 /(g/cm³)	压实度	干密度 /(g/cm³)	压实度	干密度 /(g/cm³)	压实度
1	1.67	0.98	1.66	0.97	1.66	0.97	1.66	0.97
2	1.66	0.97	1.67	0.98	1.67	0.98	1.66	0.97
3	1.67	0.98	1.68	0.98	1.66	0.97	1.68	0.98
4	1.66	0.97	1.66	0.97	1.67	0.98	1.66	0.97
5	1.66	0.97	1.68	0.98	1.66	0.97	1.66	0.97
6	1.67	0.98	1.66	0.97	1.67	0.98	1.67	0.98
7	1.67	0.98	1.66	0.97	1.66	0.97	1.66	0.97
8	1.66	0.97	1.66	0.97	1.66	0.97	1.68	0.98
9	1.67	0.98	1.66	0.97	1.67	0.98	1.68	0.98
10	1.68	0.98	1.66	0.97	1.66	0.97	1.66	0.97

表 6.5(续)

测点	一期		二期		三期		四期	
	干密度 /(g/cm³)	压实度	干密度 /(g/cm³)	压实度	干密度 /(g/cm³)	压实度	干密度 /(g/cm³)	压实度
11	1.68	0.98	1.68	0.98	1.68	0.98	1.67	0.98
12	1.66	0.97	1.66	0.97	1.67	0.98	1.68	0.98
13	1.67	0.98	1.66	0.97	1.66	0.97	1.66	0.97
14	1.66	0.97	1.67	0.98	1.67	0.98	1.67	0.98
15	1.68	0.98	1.66	0.97	1.66	0.97	1.66	0.97
16	1.66	0.97	1.66	0.97	1.67	0.98	1.66	0.97
17	1.68	0.98	1.68	0.98	1.68	0.98	1.66	0.97
18	1.68	0.98	1.66	0.97	1.67	0.98	1.67	0.98
19	1.66	0.97	1.68	0.98	1.67	0.98	1.66	0.97
20	1.67	0.98	1.66	0.97	1.66	0.97	1.67	0.98
21	1.66	0.97	1.66	0.97	1.66	0.97	1.66	0.97
22	1.67	0.98	1.66	0.97	1.66	0.97	1.68	0.98
23	1.67	0.98	1.66	0.97	1.67	0.98	1.66	0.97
24	1.68	0.98	1.66	0.97	1.67	0.98	1.68	0.98
25	1.66	0.97	1.68	0.98	1.67	0.98	1.67	0.98
26	1.68	0.98	1.68	0.98	1.68	0.98	1.66	0.97
27	1.66	0.97	1.68	0.98	1.68	0.98	1.66	0.97
28	1.67	0.98	1.66	0.97	1.66	0.97	1.67	0.98
29	1.68	0.98	1.67	0.98	1.67	0.98	1.66	0.97

由表 6.5 中可以看出,四次分期最后一层加固完成后土体的压实度均大于 96%,土体压实合格率达到 100%,填筑效果较好。

在首采面整个回采期间和坝体维修工程实施期间,坝体未出现异常现象,保证了大坝的拦蓄水功能正常发挥和首采面的安全高效开采。

6.3 本章小结

(1)针对坝下开采坝体的变形破坏特征,结合库区水文特征和地质条件,设计坝体的迎水坡和背水坡的坡比分别为 1:3.0 和 1:2.75;利用莆田试验法计算得到工作面开采期间库区水位低于 +81.26 m 标高,坝体高程至少要大于 +83.7 m,才能保证坝下开采的安全。

(2)根据工作面推进过程中坝体的变形破坏特征,设计坝体每沉陷 2 m 加高加固 1 次,加高加固时间点为工作面推进至 900 m(距坝体中心位置 200 m)、1 080 m、1 270 m 和 2 000 m。

(3)实施坝体维修方案后,测得坝下工作面开采时坝体的最大下沉量为 7.077 m,最大下沉系数为 0.79。由概率积分法修正后的预测计算模型、相似材料模拟、全尺寸数值模拟以及垮落带和垮落岩体残余碎胀系数推导的计算模型得出 S2S9 综放工作面开采后地表的最大下沉值分别为 7.29 m、7.0 m、7.04 m 和 7.14 m,与实测值 7.077 m 相对误差仅为 3.01%、1.09%、0.52% 和 0.89%,简化分析方法中模拟坝体的最大下沉值为 7.17 m,与实测值 7.077 m 相差仅为 0.093 m,相对误差较小,验证计算模型、相似材料模型、全尺寸数值模拟和推导最大下沉值计算公式具有较高的准确度,同时也证明了上述坝体移动变形分析方法与实际是相吻合的。

参 考 文 献

[1] 王彩娜."十四五"末煤炭总量控制在 41 亿吨[R/OL].(2021-03-07).http://www.cet.com.cn/wzsy/ycxw/2789267.shtml.

[2] 丁松炎.我国煤炭市场供需平衡分析及对策探讨[J].北方经贸,2017(1):41-42.

[3] 科普中国.三下一上采煤[R/OL].(2021-02-02).https://baike.baidu.com/item/%E4%B8%89%E4%B8%8B%E4%B8%80%E4%B8%8A%E9%87%87%E7%85%A4/3738488.

[4] 杨培,李松营,郭振桥.大型水体淹没区下煤炭开采安全性分析[J].煤炭技术,2017,36(2):157-159.

[5] DUONG SON TA.越南石溪露天铁矿区涌水规律预测及防治水技术研究[D].重庆:重庆大学,2017.

[6] 沙猛猛.敏东一矿综放开采覆岩导水裂隙带演化规律研究[D].徐州:中国矿业大学,2018.

[7] 许国胜.基于覆岩应力的岩层移动变形机理及预计模型研究[D].焦作:河南理工大学,2017.

[8] 孙尚尚.深部采区复杂构造煤层顶板砂岩富水性多因素预测研究[D].徐州:中国矿业大学,2016.

[9] 陈嘉生.水域动载荷条件下复杂矿体开采安全技术[D].长沙:中南大学,2010.

[10] 杨贵.综放开采导水裂隙带高度及预测方法研究[D].青岛:山东科技大学,2004.

[11] 刘英锋.彬长矿区巨厚含水层特厚煤层综放开采防治水技术研究[D].西安:西安科技大学,2015.

[12] 许春雷.沙坪矿黄河下开采导水裂隙带高度研究[D].太原:太原理工大学,2013.

[13] 李昂.带压开采下底板渗流与应力耦合破坏突水机理及其工程应用[D].西安:西安科技大学,2012.

[14] 黎鸿.基于时空效应的海下开采安全隔离层厚度研究[D].长沙:中南大学,2009.

[15] 张建星.枣泉煤矿 T-2 火烧区下开采岩层移动规律研究[D].西安:西安科技大学,2009.

[16] 克拉茨.采动损害及其防护[M].马伟民,等译.北京:煤炭工业出版社,1984.

[17] 胡光林.急倾斜坚硬顶板中厚煤层防水煤柱合理留设研究[D].重庆:重庆大学,2005.

[18] 余学义,王鹏,刘俊,等.孟巴矿 1204 工作面导水裂隙带高度探测研究[J].能源与环保,2014(1):83-86.

[19] 吴承艳,韩光远.孟巴矿 1208 综放工作面安全开采技术研究[J].中国煤炭工业,2016,6(6):54-55.

[20] 许文强.Barapukuria 煤矿强含水厚松散层下协调减损开采技术研究[D].西安:西安科技大学,2016.

[21] 刘俊.孟巴矿特厚煤层分层开采导水裂隙带高度研究[D].西安:西安科技大学,2015.

[22] 秦洪岩.西马矿充填开采覆岩变形破坏规律研究[D].阜新:辽宁工程技术大学,2016.

[23] 黄庆享,曹健,贺雁鹏,等.浅埋近距离煤层群分类及其采场支护阻力确定[J].采矿与安全工程学报,2018,35(6):1177-1184.

[24] 黄克军,黄庆享,王苏健,等.浅埋煤层群采场周期来压顶板结构及支架载荷[J].煤炭学报,2018,43(10):2687-2693.

[25] 许家林.岩层控制与煤炭科学开采——记钱鸣高院士的学术思想和科研成就[J].采矿与安全工程学报,2019,36(1):1-6.

[26] 韩红凯,王晓振,许家林,等.覆岩关键层结构失稳后的运动特征与"再稳定"条件研究[J].采矿与安全工程学报,2018,35(4):734-741.

[27] 王晓振,许家林,吴玉华,等.松散承压含水层下重复采动对覆岩破断特征的影响研究[J].采矿与安全工程学报,2017,34(3):437-443.

[28] 李全生,鞠金峰,曹志国,等.基于导水裂隙带高度的地下水库适应性评价[J].煤炭学报,2017,42(8):2116-2124.

[29] 鞠金峰,许家林,朱卫兵.西部缺水矿区地下水库保水的库容研究[J].煤炭学报,2017,42(2):381-387.

[30] 徐敬民,朱卫兵,鞠金峰.浅埋房采区下近距离煤层开采动载矿压机理[J].煤炭学报,2017,42(2):500-509.

[31] 高延法,何晓升,陈冰慧,等.特厚富水软岩巷道钢管混凝土支架支护技术研究[J].煤炭科学技术,2016,44(1):84-89.

[32] GAO Y F,HUANG W P,QU G L,et al. Perturbation effect of rock rheology under uni-axial compression [J]. Journal of Central South University, 2017, 24 (7): 1684-1695.

[33] 黄万朋,高延法,王波,等.覆岩组合结构下导水裂隙带演化规律与发育高度分析[J].采矿与安全工程学报,2017,34(2):330-335.

[34] 张宏伟,付兴,于斌,等.特厚煤层坚硬覆岩柱壳结构特征模型及应用[J].中国矿业大学学报,2017,46(6):1226-1230.

[35] 吴博文,张宏伟,神文龙,等.麻家梁矿采动双硬顶板工作面覆岩运移规律[J].煤矿安全,2017,48(10):51-54.

[36] 朱峰,张宏伟,韩军,等.采动影响下断层滑移失稳研究[J].安全与环境学报,2017,17(2):446-450.

[37] 李博,武强.煤层底板突水危险性变权评价理论及其工程应用[J].应用基础与工程科学学报,2017,25(3):500-508.

[38] 冯书顺,武强.基于AHP-变异系数法综合赋权的含水层富水性研究[J].煤炭工程,2016,48(增刊):138-140.

[39] 张小明,武强,刘红艳,等.集贤井田煤层顶板危险性综合评价与防治对策研究[J].煤炭工程,2016,48(增刊):56-59.

[40] 刘守强,武强,曾一凡,等.基于GIS的突水系数法评价新技术及其应用[J].煤炭工程,2016,48(增刊):43-46.

[41] 李沛涛,武强.开采底砾含水层保护煤柱可行性研究[J].煤炭工程,2008,11(11):7-9.

[42] 赵颖旺,武强.基于Feflow界面管理器的地下水流速场构造插件[J].有色金属工程,2015,5(2):97-100.

[43] 康宁,武强,曾一凡,等.毛乌素沙漠南缘煤矿开采涌水及其对浅层地下水影响的预测分析[J].西北大学学报(自然科学版),2018,48(6):867-874.

[44] 郭文兵,白二虎,杨达明.煤矿厚煤层高强度开采技术特征及指标研究[J].煤炭学报,2018,43(8):2117-2125.

[45] 王云广,郭文兵,白二虎,等.高强度开采覆岩运移特征与机理研究[J].煤炭学报,2018,43(增刊):28-35.

[46] 白二虎,郭文兵,谭毅,等.厚煤层高强度开采对地表响应的特征与机理[J].安全与环境学报,2018,18(2):503-508.

[47] 刘凯.潘一矿水体下采煤导水裂隙带发育规律研究[J].内蒙古煤炭经济,2018,7(7):131-132.

[48] 曹丁涛,李文平.煤矿导水裂隙带高度计算方法研究[J].中国地质灾害与防治学报,2014,25(1):63-69.

[49] 郭文兵,杨达明,谭毅,等.薄基岩厚松散层下充填保水开采安全性分析[J].煤炭学报,2017,42(1):106-111.

[50] 许延春,罗亚麒,张书军,等.切顶卸压工作面底板采动破坏实测研究[J].煤矿开采,2018,23(6):94-98.

[51] 李江华,许延春,姜鹏,等.巨厚松散层薄基岩工作面覆岩载荷传递特征研究[J].煤炭科学技术,2017,45(11):95-100.

[52] 李振华,许延春,李龙飞,等.基于BP神经网络的导水裂隙带高度预测[J].采矿与安全工程学报,2015,32(6):905-910.

[53] 许延春,张旗,李江华,等.第三系砂砾含水层下工作面综放开采可行性研究[J].中国煤炭,2013,39(12):42-46,80.

[54] 胡小娟,刘瑞新,胡东祥,等.导水裂隙带的影响因素研究与高度预计[J].煤矿现代化,2012,3(3):49-53.

[55] 胡小娟,李文平,曹丁涛,等.综采导水裂隙带多因素影响指标研究与高度预计[J].煤炭学报,2012,37(4):613-620.

[56] 丁鑫品,郭继圣,李绍臣,等.综放开采条件下上覆岩层"两带"发育高度预计经验公式的确定[J].煤炭工程,2012,11(11):75-78.

[57] 许延春,李振华,贾安立,等.深厚松散层薄基岩条件下覆岩破坏高度实测分析[J].煤炭科学技术,2010,38(7):21-23.

[58] 尹尚先,郭均中,王建成,等.官地矿22611回采工作面导水裂隙带发育高度研究[J].华北科技学院学报,2018,15(4):1-8.

[59] 王国华,尹尚先,刘明,等.综采条件下导水断裂带高度预测方法[J].煤矿安全,2017,48(11):187-190.

[60] 尹尚先,徐斌,徐慧,等.综采条件下煤层顶板导水裂缝带高度计算研究[J].煤炭科学技术,2013,41(9):138-142.

［61］白利民,尹尚先,李文.综采一次采全高顶板导水裂缝带发育高度的计算公式及适用性分析［J］.煤田地质与勘探,2013,41(5):36-39.

［62］冯国财,李强,孟令辉.辽宁三台子水库下特厚煤层综放开采覆岩破坏特征［J］.中国地质灾害与防治学报,2012,23(4):76-80.

［63］李强.康平煤田特厚煤层综放开采导水裂缝带高度探究［C］//中国煤炭学会矿山测量专业委员,2011 全国矿山测量新技术学术会议,2011,7,26-30.

［64］王东,段克信,李强.单一综放开采导水裂缝带形成机制研究［J］.水资源与水工程学报,2011,22(3):63-67.

［65］韩军,张宏伟,高照宇,等.巨厚煤层软弱覆岩分层综放开采覆岩破坏高度研究［J］.采矿与安全工程学报,2016,33(2):226-230,237.

［66］张宏伟,朱峰,盛继权,等.多手段综合分析特厚煤层分层开采覆岩破坏高度［J］.中国安全生产科学技术,2016,12(1):11-16.

［67］张宏伟,荣海,韩军,等.特厚煤层不同开采阶段"弱-弱"结构覆岩破坏高度研究［J］.安全与环境学报,2015,15(6):45-50.

［68］张宏伟,朱志洁,霍利杰,等.特厚煤层综放开采覆岩破坏高度［J］.煤炭学报,2014,39(5):816-821.

［69］陈佩佩,刘鸿泉,张刚艳.海下综放开采防水安全煤岩柱厚度的确定［J］.煤炭学报,2009,34(7):875-880.

［70］胡涛,夏洪春,赵德深.采煤突水安全敏感性的 AHP-熵权法分析［J］.金属矿山,2016,11(11):162-166.

［71］王云平,赵德深.渗流条件下不同覆岩结构采动破坏数值分析［J］.地震研究,2016,39(1):85-90,181.

［72］郭东亮,赵德深,刘磊,等.采动和渗流共同作用下覆岩破坏形态研究［J］.煤矿安全,2015,46(12):57-60.

［73］王献辉,李强,冯国才,等.大平煤矿水库下首采面综放开采安全分析［J］.煤炭科学技术,2005,10(10):35-38.

［74］马亚杰,王东,孙海威.ANN 采煤工作面最大涌水量预测与指标优化［J］.辽宁工程技术大学学报(自然科学版),2013,32(7):869-873.

［75］马亚杰,左文喆,刘伯,等.隐伏向斜扬起端构造控水规律分析——以开滦东欢坨矿为例［J］.煤炭学报,2012,37(增刊):157-160.

［76］左建平,宋洪强,陈岩,等.煤岩组合体峰后渐进破坏特征与非线性模型［J］.煤炭学报,2018,43(12):3265-3272.

［77］宋洪强,左建平,陈岩,等.煤岩组合体峰后应力-应变关系模型及脆性特征［J］.采矿与安全工程学报,2018,35(5):1063-1070.

［78］陈岩,左建平,宋洪强,等.煤岩组合体循环加卸载变形及裂纹演化规律研究［J］.采矿与安全工程学报,2018,35(4):826-833.

［79］孙运江,左建平,李玉宝,等.邢东矿深部带压开采导水裂隙带微震监测及突水机制分析［J］.岩土力学,2017,38(8):2335-2342.

［80］任奋华,蔡美峰,来兴平.河下开采覆岩破坏规律物理模拟研究［J］.中国矿业,2008,

2(2):51-54.

[81] 蔡美峰,任奋华,来兴平.灵新煤矿西天河下安全开采技术综合分析[J].北京科技大学学报,2004,6(6):572-574.

[82] 杨志斌,董书宁.动水大通道突水灾害治理关键技术[J].煤炭科学技术,2018,46(4):110-116.

[83] 陈实,董书宁,李竞生,等.煤矿工作面顶板倾斜钻孔疏放水井流计算方法[J].煤炭学报,2016,41(6):1517-1523.

[84] ANITA J PRAŻMOWSKA. Frenchmen in polish mines: the politics of productivity in coal mining in poland 1946—1948[J]. Europe Asia Studies,2017,70(2):1-22.

[85] TIMMER M P, VOSKOBOYNIKOV I B. Is mining fuelling long-run growth in Russia? Industry productivity growth trends since 1995 [J]. Review of Income Wealth,2014,60(S2):398-422.

[86] KADELA M, CHOMACKI L. Loads from compressive strain caused by mining activity illustrated with the example of two buildings in silesia[J]. IOP Conference Series:Materials Science and Engineering,2017,245(2).

[87] GEORGE J D S. Structural effects on the strength of new zealand coal [J]. International Journal of Rock Mechanics and Mining Sciences,1997,34(3-4):99-214.

[88] GRZOVIC M, GHULAM A. Evaluation of land subsidence from underground coal mining using TimeSAR (SBAS and PSI) in Springfield, Illinois, USA[J]. Natural Hazards,2015,79(3):1739-1751.

[89] DUMONTELLE P B, BRADFORD S C, BAUER R A, et al. Mine subsidence in illinois: facts for the homeowner considering insurance[J]. Energy Planning Policy & Economy,1981.

[90] DECK O, BAROUDI H, HOSNI A, et al. A time dependency prediction of the number of mining subsidence events over a large mining field with uncertainties considerations[J]. International Journal of Rock Mechanics & Mining Sciences,2018,105:62-72.

[91] LOKHANDE R D, MURTHY V M S R, SINGH K B, et al. Numerical modeling of pot-hole subsidence due to shallow underground coal mining in structurally disturbed ground[J]. Journal of the Institution of Engineers (India):Series D,2018,99(1):93-101.

[92] AZIZLI K M, YAU T C, BIRREL J. Design of the Lohan Tailings Dam, Mamut Copper Mining Sdn. Bhd. ,Malaysia[J]. Minerals Engineering,1995,8(6):700-712.

[93] PENMAN ADM. The reservoir as an asset embankment dams in the developing world [J/OL]. 10. 1680/traaa. 25288,1996:73-82.

[94] 束一鸣,殷宗泽,李冬田,等.受采动影响的淮堤安全论证和技术措施[J].水利水电科技进展,1998,6(6):31-35,71.

[95] 刘辉,马金荣.煤矿废弃老采空区地表残余变形计算[J].山东煤炭科技,2011,5(5):73-74.

[96] 胡荣华,马金荣.某矿区采空区上建筑场地稳定性评价[J].能源技术与管理,2010,5(5):118-119,131.

[97] 王卓然,武雄.周边采煤活动对岳城水库库区大坝和坝基的渗流影响研究[J].地学前缘,2018,25(1):276-285.

[98] 田文书,陈长华,刘波.河湖下厚煤层开采河道损害机理及综合防治技术研究[J].治淮,2012,3(3):21-22.

[99] 田文书.河道下采煤沉陷治理模式研究[D].济南:山东大学,2006.

[100] 张长文.达连河防洪堤沉陷原因初步分析及治理措施[J].煤炭技术,2003,12(12):99-100.

[101] 张文秀.病险水库除险加固方案优化技术的研究[J].黑龙江水利科技,2019,47(4):106-108,123.

[102] 郑韶峰,李文秀,雷振,等.大规模采矿引起地面下沉影响分析[J].化工矿物与加工,2017,46(5):48-51.

[103] 李文秀,高重阳,尹夏,等.模糊关系方程在预测深部开采地面下沉中的应用[J].数学的实践与认识,2014,44(18):119-123.

[104] 张国丽,杨宝林,张志,等.基于GIS与BP神经网络的采空塌陷易发性预测[J].热带地理,2015,35(5):770-776.

[105] 杨逾,刘文洲.基于极限分析法和数值模拟的条采岩层稳定性分析[J].中国地质灾害与防治学报,2017,28(4):64-70,76.

[106] 杨逾,张培兰.牛心台煤矿采煤沉陷区土地复垦工程分析[J].辽宁工程技术大学学报(自然科学版),2015,34(8):926-929.

[107] 郭文兵,李超.工作面回采诱发多断层活化对地表建筑物的影响分析[J].安全与环境学报,2018,18(1):56-60.

[108] 娄高中,郭文兵,白二虎.芦沟煤矿水库坝体下采煤安全性研究[J].辽宁工程技术大学学报(自然科学版),2016,35(10):1046-1050.

[109] 陈永春,袁亮,徐翀.淮南矿区利用采煤塌陷区建设平原水库研究[J].煤炭学报,2016,41(11):2830-2835.

[110] 袁亮.我国淮河流域煤炭安全绿色开采[J].煤炭与化工,2015,38(6):1-4,16.

[111] 孔宪森,吴侃,等.煤矿开采诱发断层滑移对村庄建筑物影响研究[J].煤炭科学技术,2015,43(12):46-50.

[112] 于敬武,吴侃,姚丹丹,等.开采沉陷对地面瓦斯罐的影响[J].煤矿安全,2015,46(8):164-167.

[113] 韩奎峰,康建荣,王正帅,等.山区采动滑移模型的统一预测参数研究[J].采矿与安全工程学报,2013,30(1):107-111.

[114] 吴侃,靳建明,戴仔强,等.开采沉陷在土体中传递的实验研究[J].煤炭学报,2002,6(6):601-603.

[115] 刘蓬勃,李云鹏.辽宁省中小河流设计暴雨洪水计算辅助系统研究与应用[J].东北水利水电,2017,35(12):45-47.

[116] JIAO C,JI Y Z,HU Z J,et al. Flood estimation under design rainstorm for plain

river net-work areas-a case of Suzhou district[J]. Water Resources & Hydropower Engineering,2015：17-20,25.

[117] 李炜轩,陈海涛,黄鑫,等.基于水文水力计算方法的堤顶高程校核[J].农业与技术, 2018,38(13):75-82,109.

[118] 段素真.河南某煤矿采空区室内模型试验及数值模拟研究[D].郑州:华北水利水电大学,2016.

[119] 陈帅.采空区覆岩冒落及孔隙率分布规律研究[D].焦作:河南理工大学,2015.

[120] 范立民,马雄德,蒋泽泉,等.保水采煤研究30年回顾与展望[J].煤炭科学技术, 2019,47(7):1-30.

[121] 乔宁,丁亮斌.上覆不明采空区突水危险性分析及积水范围探测[J].煤炭科学技术, 2017,45(8):48-54.

[122] 魏洁,胡向德,陈海龙,等.基于GPS静态定位法监测数据分析与塌陷特征认识[J]. 中国煤炭地质,2018,30(3):53-58,81.

[123] 王玉龙.矿区由于采动引起地表移动变形规律及地表移动变形参数的监测分析[J]. 华北国土资源,2016(4):80-82.

[124] 刘开富,许家培,周青松,等.土工格栅-土体界面特性大型直剪试验研究[J].岩土工程学报,2019,41(增刊):185-188.

[125] 谢潇.对于c,φ值的讨论和认识[J].山西建筑,2018,44(29):96-97,135.

[126] 李星亮.导水裂隙带分布规律影响因素研究[J].内蒙古煤炭经济,2018,6(6):52-53,136.

[127] 李鹏宇,姜岳,宗琪,等.中硬覆岩综放开采导水裂隙带发育高度影响因素与预计模型[J].煤炭技术,2018,37(2):80-82.

[128] 吕广罗,杨磊,田刚军,等.深埋特厚煤层综放开采顶板导水裂隙带发育高度探查分析[J].中国煤炭,2016,42(11):53-57.

[129] YAN C,SHI Y,TANG Y. Orthogonal test and regression analysis of the strain on silty soil in Shanghai under metro loading[J]. Environmental Earth Sciences,2017, 76(14):506.

[130] WU Y,ZHAO H,ZHANG C,et al. Optimization analysis of structure parameters of steam ejector based on CFD and orthogonal test[J]. Energy,2018:151.

[131] 陈敏.厚松散薄基岩煤层密实充填开采的覆岩移动破坏变形规律研究[D].淮南:安徽理工大学,2016.

[132] 陶峰.自走铁矿覆岩裂隙带发育规律研究[D].昆明:昆明理工大学,2015.

[133] WU J H,LIN W K,HU H T. Post-failure simulations of a large slope failure using 3DEC:the hsien-du-shan slope[J]. Engineering Geology,2018,242(14):92-107.

[134] DENG X F,ZHU J B,CHEN S G,et al. Some fundamental issues and verification of 3DEC in modeling wave propagation in jointed rock masses[J]. Rock Mechanics and Rock Engineering,2012,45(5):943-951.

[135] 禹云雷,李永华.煤层露头区防砂安全煤(岩)柱的留设及应用[J].能源技术与管理, 2018,43(2):86-88.

［136］熊法政,陈江峰,杨达明,等.赵家寨矿新近系含水层下综放开采安全煤岩柱留设研究［J］.煤矿开采,2016,21(3):85-88.

［137］石磊.厚松散层条件下概率积分法求参方法研究［D］.淮南:安徽理工大学,2016.

［138］孙臣良.基于库水运移模拟的大平矿水库下协调开采计划优化研究［D］.阜新:辽宁工程技术大学,2012.

［139］孙冉.概率积分法参数求取和模型修正方法研究及程序实现［D］.淮南:安徽理工大学,2017.

［140］VAN D A D A,JOEP V D Z,O'DONOGHUE T,et al. Large-scale laboratory study of breaking wave hydrodynamics over a fixed bar［J］. Journal of Geophysical Research,2017,122(24):24.

［141］鄢姗姗.煤矿地下开采中冒落带演变过程模拟方法研究［D］.北京:中国地质大学,2016.

［142］尤耀军.采空区岩体碎胀系数的变化规律研究［J］.山西煤炭,2012,32(4):55,65.

［143］苏承东,顾明,唐旭,等.煤层顶板破碎岩石压实特征的试验研究［J］.岩石力学与工程学报,2012,31(1):18-26.

［144］李连崇,唐春安,梁正召.考虑岩体碎胀效应的采场覆岩冒落规律分析［J］.岩土力学,2010,31(11):3537-3541.

［145］徐梅.概率积分法预计参数的总体最小二乘抗差算法［D］.淮南:安徽理工大学,2018.

［146］许岩.西马煤矿地表移动变形分布规律及岩移参数反演研究［D］.阜新:辽宁工程技术大学,2014.

［147］刘超.地质采矿因素对拐点偏距的影响［J］.中国高新技术企业,2015,6(18):163-164.

［148］沈光寒.关于拐点平移距的分析［J］.矿山测量,1981,4(1):54-56.

［149］秦洪岩,题正义,李洋.拐点偏距影响因素的多元线性分析［J］.华中师范大学学报(自然科学版),2018,52(2):201-206.

［150］任迎华.概率积分法多项式修正模型研究［J］.矿山测量,2018,46(2):65-67,79.

［151］王拂晓.堤坝下采煤沉陷规律及治理技术研究［D］.徐州:中国矿业大学,2015.

［152］刘俊杰.亭南煤矿二盘区开采地表移动变形规律研究［D］.西安:西安科技大学,2016.

［153］郭延辉.高应力区陡倾矿体崩落开采岩移规律、变形机理与预测研究［D］.昆明:昆明理工大学,2015:42-45.

［154］钟志辉,刘祚秋,杨光华,等.基于 Midas/GTS 的 FLAC3D 边坡建模技术及工程应用［J］.西北地震学报,2011,33(增刊):261-265.

［155］WANG S R,ZHANG H Q,WANG S L,et al. Numerical analysis of surface deformation characteristics for highway above mined-out regions［C］//International Conference on Electric Technology & Civil Engineering,2011:58-61.

［156］水利部水利水电规划设计总院.碾压式土石坝设计规范:SL274—2020［S］.北京:中国水利水电出版社,2021.

［157］蔺蕾蕾,薛瑞,徐丽丽,等.中美土石坝坝顶超高计算对比研究［J］.西北水电,2018,6(6):53-56.

［158］KOLEY S，SAHOO T. Oblique wave trapping by vertical permeable membrane barriers located near a wall［J］. Journal of Marine Science and Application，2017，16（4）：1-12.

［159］崔珺.原油储罐建设中防渗土工膜施工质量控制监管［J］.中国石油和化工标准与质量，2016，36（15）：29-30.

［160］武汉市环境卫生科学研究院.生活垃圾填埋场防渗土工膜渗漏破损探测技术规程：CJJ/T 214—2016［S］.北京：中国建筑工业出版社，2016.

［161］王广全，高前进，李延芳.塑性混凝土大坝截渗墙施工质量控制［J］.山东水利，2018，10（10）：15-16.

［162］曾祥科，毛伟华.大坝水闸除险加固工程的施工质量控制［J］.中国新技术新产品，2018，7（13）：98-99.